基于平台的用户生成内容（UGC）参与主体治理研究

A STUDY ON PLATFORM–BASED GOVERNANCE OF USER–GENERATED CONTENT (UGC) PARTICIPANTS

徐沛雷◎著

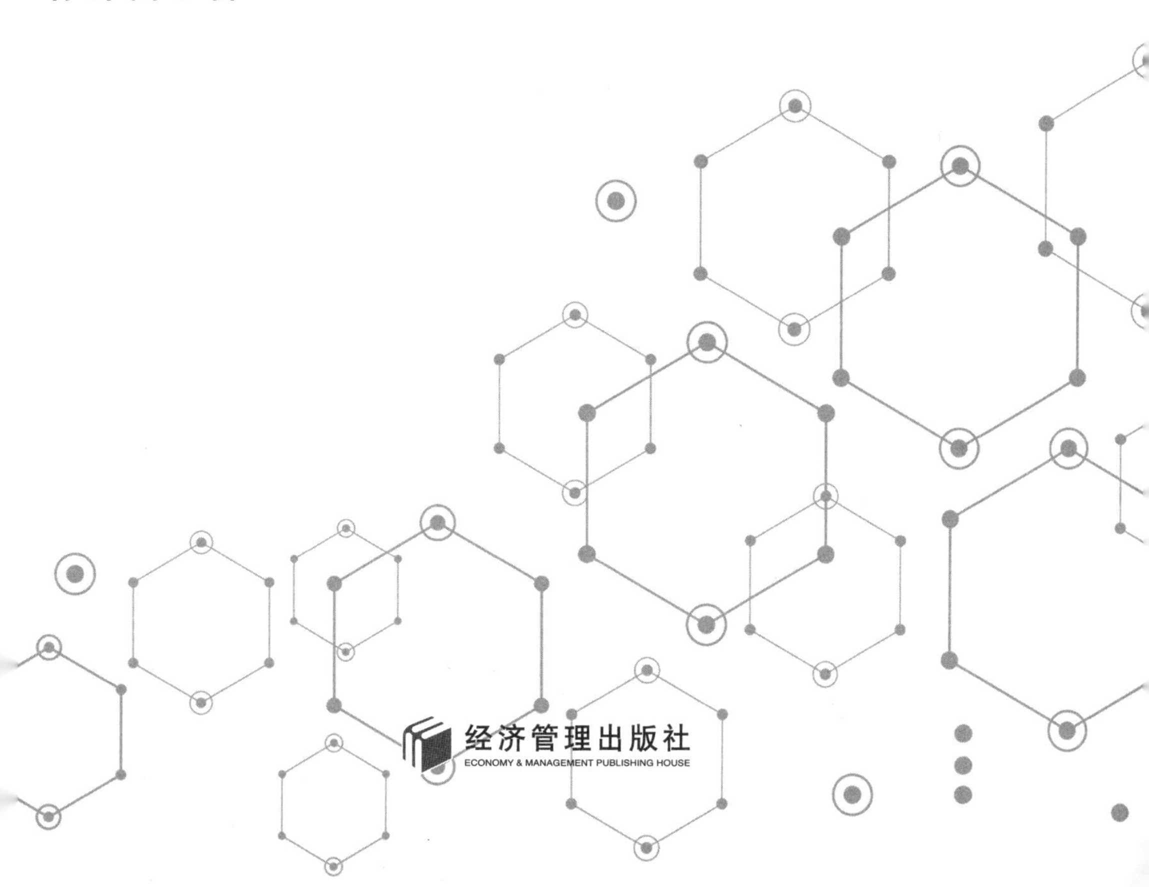

经济管理出版社
ECONOMY & MANAGEMENT PUBLISHING HOUSE

图书在版编目（CIP）数据

基于平台的用户生成内容（UGC）参与主体治理研究 / 徐沛雷著. —北京：经济管理出版社，2023.9

ISBN 978-7-5096-9285-1

Ⅰ. ①基…　Ⅱ. ①徐…　Ⅲ. ①网站—用户—信息管理—研究　Ⅳ. ①TP393.092.1

中国国家版本馆 CIP 数据核字（2023）第 180598 号

组稿编辑：丁慧敏
责任编辑：董杉珊
责任印制：黄章平
责任校对：王淑卿

出版发行：经济管理出版社
（北京市海淀区北蜂窝 8 号中雅大厦 A 座 11 层　100038）
网　　址：www. E-mp. com. cn
电　　话：（010）51915602
印　　刷：北京晨旭印刷厂
经　　销：新华书店
开　　本：710mm×1000mm /16
印　　张：13. 25
字　　数：229 千字
版　　次：2024 年 2 月第 1 版　　2024 年 2 月第 1 次印刷
书　　号：ISBN 978-7-5096-9285-1
定　　价：98. 00 元

前言

INTRODUCTION

本书获得国家社会科学基金重大项目（21&ZD135）、教育部人文社科基金青年项目（23YJC630201）、山西省高等学校哲学社会科学项目（2022W077）、山西省社会科学院（山西省人民政府发展研究中心）规划课题青年项目（YWQN202248）、太原科技大学科研启动基金（W20222010）、山西省科技战略研究专项一般项目（202204031401104）等的联合资助。

本书选题来源于国家社会科学基金重大项目“平台企业治理研究”（批准号：21&ZD135）。用户生成内容（User-generated Content，UGC）诞生于Web 2.0时代，伴随着移动互联网技术的发展以及移动网民的人口红利，近几年在我国得到了爆发式的增长。UGC行业的高速增长为网络市场带来了新的生机与活力，但也不可避免地出现了内容质量方面的负面问题，如信息冗余、同质化、劣质低俗等内容问题，对UGC行业提出了严峻的治理诉求。UGC问题的核心是其参与主体的集体行动困境，部分内容生成用户采取简单模仿、制造低俗噱头等方式获取UGC优质内容所带来的流量红利，其本质是内容生成用户的“搭便车”行为。实践证明，传统的市场主导和行政主导的“二分法”思路在“搭便车”问题治理上存在一定的缺陷和不适应性，而埃莉诺·奥斯特罗姆的自主治理理论为集体行动中的“搭便车”问题提供了有效的解决思路。UGC参与主体包括UGC平台、头部内容生成用户、腰尾部内容生成用户、内容消费用户以及MCN（Multi-Channel Network）机构，其中UGC平台处在连接所有参与主体的关键位置。本书在考察平台的关键性作用下，发掘UGC参与主体有效实现治理的路径，从而解决内容生成的“搭便车”问题，提升UGC质量。具体来说，本书总体内容如下：

首先，本书分析了UGC行业所面临的现实问题和涉及的理论背景，并提出了研究的具体问题、目的意义以及研究的内容和方法。基于埃莉诺·奥斯特罗姆的自主治理思想，本书从 UGC 参与主体的概念界定出发，梳理了 UGC 行业的发展现状、UGC 的治理现状以及平台在治理研究中的作用探索，分析 UGC 内容问题已有的治理方向与思路，评述相关研究的优势与不足，找到研究的切入点。这一部分主要体现在本书的第一章、第二章和第三章。

其次，基于对集体行动困境与自主治理理论的分析，本书提出 UGC 参与主体治理的理论预设，并进一步通过多案例探索性分析，构建出基于平台的 UGC 参与主体治理模型，同时基于 UGC 信息链不同阶段（内容“生成—审核—分发”）的实现路径，为后续探索提供了理论支撑。这一部分主要体现在本书的第四章。

再次，进一步分析了 UGC 参与主体在信息链不同阶段的治理实现过程，深入探索了 UGC 平台在其中的关键作用。具体包括：①在 UGC 内容生成阶段，本书通过对 UGC 优质内容生成的三种决策模式进行微分博弈分析，探索了平台补贴下的头部内容生成用户带动策略对内容生成用户总体收益以及 UGC 优质内容水平的改善效果；②在 UGC 内容审核阶段，本书构建了内容审核参与主体的三方演化博弈模型，分析了博弈模型下参与主体的决策演化路径和最终稳定结果，探索了该阶段下参与主体治理的实现过程以及平台在其中的关键作用；③为了探索 UGC 内容分发阶段参与主体治理的实现过程与平台作用，本书构建了以 UGC 内容生成用户和内容消费用户双边满意度为基础的多目标匹配模型，并提出了基于平台评价的模型核心。这一部分体现在本书的第五章、第六章和第七章。

最后，本书对研究得到的结论和管理启示进行了总结。本书对 UGC 信息链不同阶段下参与主体间的决策行为与互动模式开展了数理模型分析，并通过案例企业的实际算例进行了计算机仿真模拟。研究结果表明：①UGC 头部内容生成用户对腰尾部内容生成用户的带动效应能够促进参与主体收益的帕累托改善并有效提升 UGC 优质内容水平，其中 UGC 平台的补贴行为能够对该效应起激发作用；②MCN 机构参与下的 UGC 内容审核三方主体的演化博弈，最终能够实现参与主体治理所期望的｛UGC 平台审核，MCN 机构管理，头部内容生成用户合规｝稳定均衡状态，而在演化过程中控制 UGC 平台的审核强度和加大处罚力度有助于稳定状态的实现；③以 UGC 内容生成用户和内容消费用户的总体满意度为视角能够实现双边用户的最佳匹配效果，而 UGC 平台的评价指标为匹配模型提供了更加公平、客观的参照。

本书探析了 UGC 参与主体在信息链不同阶段的治理实现路径，进一步明确了平台在参与主体治理中起到的关键作用，提出了解决 UGC 内容问题的有效方案，为促进 UGC 行业健康稳定发展、改善国家网络内容生态提供了一定的参考思路和决策依据。

目录

CONTENTS

第一章　导　论//001

第一节　研究背景//001

一、现实背景//001

二、理论背景//005

第二节　研究问题与目的意义//006

一、研究问题//006

二、研究目的与意义//008

第三节　研究内容与方法//009

一、研究内容//009

二、研究方法//011

第四节　研究创新//013

本章参考文献//013

第二章　相关概念与行业现状//015

第一节　相关概念界定//015

一、用户生成内容（UGC）//015

二、UGC参与主体//016

第二节　UGC行业发展现状//020

一、UGC的发展历程//020

二、UGC平台发展现状//022

三、UGC 平台发展趋势//025
本章参考文献//026

第三章 相关理论与研究评述//028

第一节 理论基础//028
一、自主治理理论//028
二、博弈理论//036
三、双边匹配理论//039
第二节 UGC 及其治理的研究现状//040
一、UGC 用户研究//041
二、UGC 内容质量研究//043
三、UGC 治理的研究现状//045
第三节 平台在治理中作用的相关研究//049
一、平台与平台治理//049
二、平台与其他参与主体的关系//050
三、平台在不同治理类型中的作用//051
第四节 文献评析//053
本章参考文献//054

第四章 UGC 参与主体的治理模型及实现路径//076

第一节 理论分析和预设//076
一、理论分析//076
二、理论预设//079
第二节 研究方法与案例设计//082
一、研究方法//082
二、案例选择//083
三、资料收集//085

四、分析流程//088
第三节　案例背景//090
一、快手//090
二、知乎//092
三、荔枝//095
第四节　案例资料分析//096
一、各案例开放式编码//096
二、各案例主轴式编码//099
三、多重案例选择性编码比较//101
第五节　研究发现与模型阐释//103
一、UGC 参与主体的治理模型//104
二、基于信息链的参与主体治理实现路径//107
第六节　本章小结//110
本章参考文献//110

第五章　UGC 平台补贴、头部带动效应与优质内容生成//116

第一节　问题描述与模型假设//116
一、问题描述//116
二、变量说明//117
三、模型假设//118
第二节　优质内容生成与头部带动效应的模型分析//119
一、无带动效应的分散决策模式//119
二、头部与腰尾部内容生成用户协同决策模式//122
三、平台补贴下的头部内容生成用户带动决策模式//124
第三节　不同决策模式的比较分析//127
第四节　仿真分析//129
第五节　本章小结//132
本章参考文献//133

第六章　MCN 机构参与下的 UGC 内容审核决策//134

第一节　参与主体的决策行为分析//134

一、UGC 平台//134

二、MCN 机构//135

三、头部内容生成用户//135

第二节　三方演化博弈模型构建//136

一、模型基本假设与损益变量说明//136

二、演化博弈的支付矩阵构建//138

第三节　三方演化博弈的均衡分析//139

一、期望收益函数//139

二、基于复制动态方程的演化稳定策略分析//140

三、演化博弈结果的稳定性分析//143

第四节　UGC 平台对博弈演化结果的作用分析//147

一、UGC 平台审核强度对演化稳定性的影响//148

二、UGC 平台处罚力度对演化稳定性的影响//150

第五节　仿真分析//152

一、UGC 平台审核强度对博弈演化影响的仿真分析//152

二、UGC 平台处罚力度对博弈演化影响的仿真分析//156

第六节　本章小结//157

本章参考文献//158

第七章　UGC 平台评价与双边用户匹配决策//159

第一节　UGC 双边用户匹配问题//159

一、双边用户一对多匹配的概念模型//159

二、双边匹配的问题描述//161

第二节　UGC 双边用户匹配决策方法//162

一、内容消费用户对内容生成用户的满意度函数//162

二、内容生成用户对内容消费用户的满意度函数//163
三、双边匹配决策模型构建//164
第三节　基于模拟退火算法的模型求解//165
一、解的表示及目标函数//166
二、初始解的生成//166
三、邻点解的生成//167
四、求解步骤//167
第四节　仿真分析//168
一、算例数据//168
二、仿真及结果分析//170
第五节　本章小结//173
本章参考文献//174

第八章　研究结论与未来展望//176

第一节　研究结论//176
一、参与主体治理能够有效解决 UGC 内容质量问题//176
二、UGC 信息链不同阶段的参与主体治理具有可行的实现路径//177
三、UGC 平台在参与主体治理中起到了关键性作用//179
第二节　管理启示//180
一、发挥 UGC 头部内容生成用户的带动作用，激发优质内容生成//180
二、关注 MCN 机构与用户素养，提升 UGC 内容审核成效//181
三、把握适度审核与强力处罚的辩证关系，促进 UGC 行业健康发展//181
四、重视平台评价、摒弃资源倾斜，实现双边用户合理匹配//182
第三节　研究局限与未来展望//183
一、内容生成端用户总体收益的分配问题尚未讨论//183
二、内容审核决策的三方演化博弈过程尚有完善的空间//183
三、双边用户的规模变化对匹配结果的影响有待考察//184

本章参考文献//184

附录　MATLAB 仿真程序//185

一、微分博弈的 MATLAB 仿真程序//185

二、三方演化博弈的 MATLAB 仿真程序//189

三、模拟退火算法的 MATLAB 仿真程序//189

阅读型参考文献//194

第一章 导 论

作为研究的起点，本章首先介绍了用户生成内容（User-generated Content，UGC）行业发展的现实问题和理论背景。其次对本书所涉及的 UGC 参与主体核心概念进行界定以确定研究边界，并据此提出研究问题。最后阐述了本书的主要研究内容、章节安排和结构框架，并介绍了本书的研究方法和创新点。

第一节 研究背景

一、现实背景

（一）UGC 行业发展迅猛

用户生成内容（UGC）在 Web 2.0 时代下应运而生，也被称为用户创造内容（User-created Content，UCC），泛指任何在网络上由用户创造的内容。依托移动互联网技术的发展，用户生成内容涵盖了图文、音频、视频、直播等多种形式的内容类型并且还在不断地发展丰富。伴随着移动互联网行业发展的繁盛，同时依托我国移动网民的人口红利，UGC 近几年在我国得到了爆发式的增长。在移动网络技术和智能算法的加持下，这一发展趋势得到了更强劲的动能。中国互联网信息中心发布的第 47 次《中国互联网络发展状况统计报告》数据显示，截至 2020 年 12 月我国网民规模达 9.89 亿，其中短视频用户规模达 8.73

亿，占整体网民的88.3%；网络直播用户规模达6.17亿。短视频和直播作为UGC最具代表性的形式，直接体现了我国用户生成内容行业高速发展的现实情况。

图1.1展示了从2016年12月到2020年12月我国短视频和直播行业用户规模的整体变化趋势。由图1.1可见，无论是用户规模还是整体网民占比，两个行业都呈现了逐年增长的趋势，且增长率一直保持强劲的势头，这充分说明了近年来UGC行业所展现的迅猛发展形势。

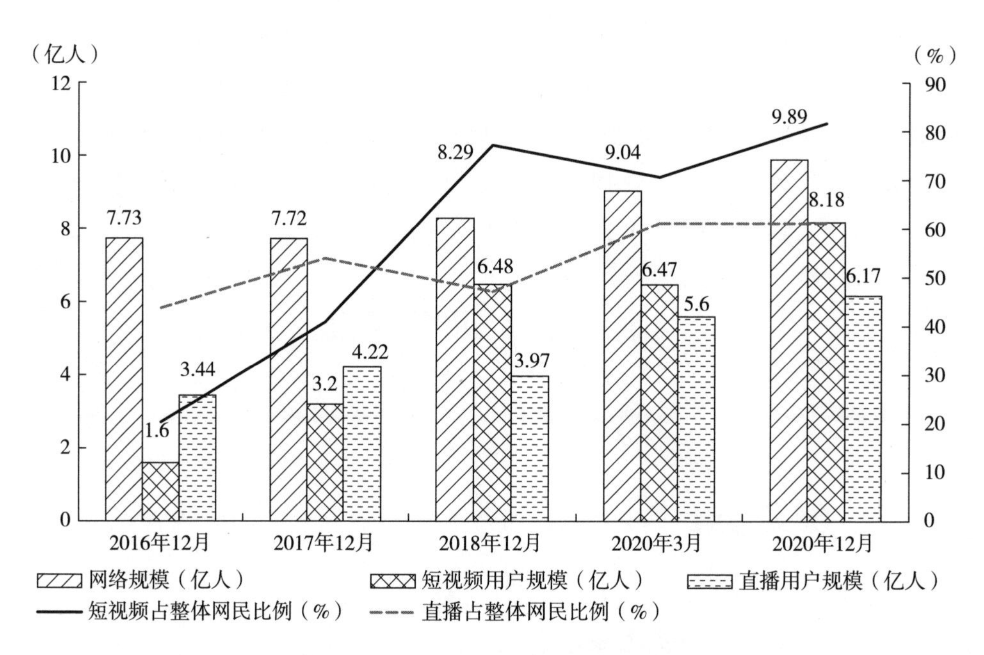

图1.1　2016年12月至2020年12月短视频和直播用户增长情况

资料来源：中国互联网络信息中心（CNNIC），数据截止日期为2020年12月。

2020年初，新型冠状病毒（COVID-19）突袭中国，给中国社会经济带来了巨大的影响。在抗疫过程中，网络平台发挥了巨大的作用。UGC平台也借助“全民宅家”的形势，进一步放大了其网络外部效应。QuestMobile数据显示，2020年春节期间，头部短视频网站的月活跃用户皆已破亿。抖音“2020春节数据报告”显示，春节期间全国人民共期盼了394万次平安，评论里留下了128万句“白衣天使加油”，点赞医务人员视频达到8.6亿次，仅在武汉就有近26

万条视频被发布并收获了33亿的观看数量。还有类似“在家旅游”话题的视频，仅2020春节期间就在抖音上共被播放了21亿次。此外，直播平台同样十分火热，武汉火神山、雷神山医院建设直播累计观看用户超6000万人次，形成全国人民“云监工”的景象，见证了从一片荒地到迅速完工交付的“中国速度”。后疫情防控期间，各类内容平台也积极利用在线直播等方式，为全国复工复产提供了巨大的支持，“直播+电商”“直播+文旅”“直播+扶贫”等新兴业态模式也为UGC注入了大量新鲜血液，进一步推动了UGC行业的高速发展。

（二）UGC质量问题凸显

UGC行业高速发展的背后，是不断涌现出的内容质量问题。随着数字经济、互联网技术的发展以及用户偏好的改变，类似快手、荔枝、知乎等专做用户生成内容的UGC平台越来越多，并且发展十分迅速。它们在短期内迅速发展了大量的双边用户，积累了极大体量的用户生成内容和用户流量，在网络效应的促进下形成了更加迅猛的发展态势。然而快速发展的背后，是不断出现的网络内容问题，劣质、低俗、同质化的不良内容比以往任何一个时代都更多地充斥在互联网空间，网络用户在吸收其造成的危害的同时还受到了“信息茧房”、机器审核偏见等问题的困扰。UGC质量问题的大量出现，不仅影响网络用户的使用体验，而且对平台企业生存和行业发展造成巨大阻碍，更重要的是对国家网络内容生态和网络空间造成了严重的污染。大量用户的涌入使平台和监管方在内容质量的把控上面临着巨大的挑战，用户的异质性和庞大体量使内容质量不断下降。加之“流量为王”“资本至上”的发展思路，导致部分平台企业过度追逐经济利益而罔顾社会效益。内容生成的低门槛化、“流量为王”和“资本至上”的商业发展思路催生了内容质量的下降，例如：低俗内容频现、虚假谣言传播、冗余信息泛滥等内容问题，而单纯以利益驱使的推荐算法等“技术至上”的思维也在一定程度造成了“信息茧房”等一系列内容质量问题。具体表现在如下几个方面：

1. 低俗内容、虚假信息、版权侵犯、隐私泄露等问题

UGC平台用户门槛低、异质性强，导致其内容质量把控难度大，极易出现低俗、劣质等有害内容。为了追求“注意力经济”，平台上许多内容生成用户

频频利用监管漏洞生产色情、低俗内容，用“打擦边球”的方式提高自身在海量信息中的关注度，与主流价值观相背离的有害内容更是频频出现（许洁，2019）。2018 年 4 月 2 日央视《新闻 1+1》曝光①的某些短视频平台包含了大量“未成年少女妈妈”“全网最小二胎妈妈”等对青少年造成不良影响的内容。UGC 平台频频出现低俗内容的问题一度在社会上引起了广泛的关注；除了低俗内容，以虚假信息博人眼球甚至实施诈骗的内容也屡见不鲜。2020 年初的新冠肺炎疫情牵动着全国人民的心，社会各界纷纷投入抗击疫情的行动，而个别网民却利用大众的关注心理编造、散布不实信息；此外，由于 UGC 平台用户的高度自我传播性，也使其成为不良内容对知识产权侵犯、个人隐私泄露等问题的重灾区。据抖音平台统计，2020 年抖音累计为超过 2 万原创作者提供版权保护及维权追诉服务，累计监测侵权内容超过了 12 万条。2020 年底成都新冠患者的个人行程遭网络“人肉”和曝光等，都使 UGC 内容问题受到了更多的关注。

2. 信息冗余、内容同质化严重等问题

除上述直接有害的内容外，一些无害但也无益的内容也对内容质量造成了不良的影响。我国互联网信息体量巨大，据第 47 次《中国互联网络发展状况统计报告》数据，2020 年我国的移动互联网接入量高达 1656 亿 GB，截至 2020 年 12 月网页数量超过了 3155 亿个，移动互联网应用 App 的数量也达到了 345 万款。随着互联网技术的不断革新，所带来的“信息大爆炸”和庞大的互联网信息体量，使信息冗余情况成为不得不面对的问题。另外，在“注意力经济”的刺激下，为了快速获得流量，内容生产者们所展开的快速而简单模仿和抄袭，使网络爆款和优质内容的背后出现大量同质化严重的无创新、低质内容。

3. “信息茧房”“算法偏见”等问题

内容算法所带来的此类问题也使 UGC 内容问题备受关注，部分 UGC 平台逐利意识强烈、社会责任意识淡薄，依托单一的算法技术对内容的分发、审核

① 未成年人网络直播刷新三观 “全网最小二胎妈妈”点击量惊人［EB/OL］. 央视网，2018-03-31. http：//news. cctv. com/2018/03/31/ARTIw7uFPYT6ahvjSAgvls1Q180331. shtml.

等方面进行价值观干预。平台在“流量为王”的经营思路下，利用智能算法推荐等内容分发技术将识别到的用户偏好放大，不断推荐同类内容信息，用户在不知不觉间进入推荐算法所构建的“信息茧房”中；而在缺乏价值判断的机器审核下，也会出现优质内容被误删、无差别审核等“算法偏见”问题。

二、理论背景

（一）网络外部性催生 UGC 内容问题的治理诉求

用户生成内容依附于平台之上，UGC 平台连接着内容生成和内容消费双边用户，较其他类型的互联网平台具有更明显的网络外部效应。互联网平台的网络外部效应是指随着用户的增加，网络中的用户能够从网络规模的拓展中得到更高的价值。UGC 平台的双边是由具有较强自主性的个体用户或用户群体构成，这使网络外部效应更为凸显，UGC 平台的价值也会随着内容规模的增加而提高，而平台对于超边际网络外部效应的反应也会更加明显。然而，用户的匿名性和异质性使 UGC 平台内容更易随着网络规模的增长而出现信息冗余、质量下降等问题。此外，用户参与度的提高也使 UGC 平台用户生成的内容迅速增加（Waheed 等，2019）。内容数量的增加会产生不相关的信息或信息超载，这与感知到的 UGC 质量及其使用相冲突（Chin 等，2015；Giermindl 等，2017；Osch 等，2015），出现信息冗余、同质化内容泛滥等问题。

（二）集体行动逻辑下的“搭便车”行为

集体行动的核心问题是“搭便车”问题。奥尔森认为，在集体共享公共利益的过程中，个体决策者倾向于理性行为，试图通过较小的付出成本获得由集体产生的更大收益。只要个人不被排除在享受公共利益的群体之外，他就没有动力去付出努力，而只是“搭乘其他人努力创造的利益便车”（Olson，1965）。UGC 内容消费用户为优质内容贡献流量资源，而内容生成用户则通过付出努力成本提升内容质量，进而扩大整体流量资源池，追求共同福利，UGC 参与主体间形成了集体行动逻辑。在“搭便车”行为假设下，个体在进行集体行动时只要能享受到集体行动所带来的利益分享，便会失去共同创造利益的动力（埃莉诺·奥斯特罗姆，2012）。部分 UGC 腰、尾部用户在生成内容时理性地选择更低的付出成本，通过简单模仿甚至低俗恶搞，坐享头部用户通过努力生成优质内容而产生的平台整体流量收益，进而“搭乘优质内容生产者带来的收益便车”。UGC 内容问题的本质就是参与主体面临的“搭便车”问题，是治理的核心问题。

(三)“二分法”治理思路的困境

关于“搭便车”问题的解决，传统“二分法”的治理思路（市场主导思路和行政主导思路）在一定程度上存在缺陷。一方面是市场治理的失灵问题，历史经验证明了在完全自由化市场经济的引导下，特别是外部效应明显的公共物品供给和消费，会出现“市场失灵”的现象并会伴随着高额的监督成本（Samuelson，1954）。在粗放式的爆发增长背景下，将 UGC 参与主体面临的集体行动问题完全交给市场解决会面临更明显的失灵风险。另一方面是行政治理的效率不足，政府通过行政监管手段确实在一定范围内解决了“市场失灵”的问题，却仍然存在治理效率不足的问题。政府并非内容信息的第一接触方，由于商业数据与行政数据的不畅通，信息数据的“孤岛”问题使政府并不具备数据优势，从而不可避免地出现行政治理乏力的现象，甚至出现政府规制与平台市场的“药不对症”问题（汪旭晖和张其林，2016）。同时，政府在大范围监管上付出的硬件、人力等高昂成本，也使治理无法达到合理的效率。

第二节　研究问题与目的意义

一、研究问题

鉴于 UGC 行业所面临的上述现实问题及其理论背景，针对 UGC 内容问题积极开展有效的治理措施，促进国家网络生态健康、稳定发展显得十分必要和迫切。何种治理模型能够解决 UGC 参与主体面临的“搭便车”问题？具体的实现路径会是怎样的？在实现过程中平台又处于怎样的位置，发挥怎样的作用？这些构成了本书研究的主要问题。

（一）UGC 的内容问题的治理选择问题

内容质量问题是 UGC 治理的主要对象，而内容生成用户的“搭便车”行为则是这一问题的核心。部分内容生成用户为了快速获取平台流量资源而出现的简单快速模仿、制造低俗内容等行为，形成了“搭乘”平台优质内容带来的流量资源“便车”行为，其本质就是 UGC 参与主体所面临的集体行动困境。

解决集体行动困境的过程中，市场治理会出现“失灵”现象，而行政治理则会面对治理效率低成本高的困难，在这样的“行政—市场”“二分法”治理的背景下，埃莉诺·奥斯特罗姆的自主治理理论提供了有效的解决思路。该治理思路提出了介于行政治理和市场治理之间的治理模型，旨在通过激发组织和集体间的自发秩序，形成集体行动中“搭便车”问题的解决方案（埃莉诺·奥斯特罗姆，2015）。因此，基于埃莉诺·奥斯特罗姆的自主治理理论，提出 UGC 内容问题的治理方案，构建适用于 UGC 参与主体的治理模型，是本书要解决的重要问题。

（二）UGC 参与主体治理有效实现的路径问题

在互联网的发展历程中，用户生成内容始终处于不断演进的趋势之中，其形态包括图文、音频、视频等多种形式。但万变不离其宗，在演进的过程中用户生成内容的内在结构是较为稳定的，参照内容产品“内容—渠道—用户”三个环节所构成的产品结构链条（张培超，2016）来对其属性加以认知是一种合理的方式。在用户生成内容的流转过程中，形成了从内容“生成”到渠道“审核”再到终端“分发”的完整信息链，也实现了 UGC 参与主体的有机串联。因此，基于信息链探究 UGC 参与主体治理的实现路径是本书要解决的主要问题。

（三）UGC 平台在参与主体治理实现过程中的作用问题

在埃莉诺·奥斯特罗姆的自主治理思想中，通过小规模集体预设实现了奥尔森集体行动逻辑中所分析的个体遇到的交流机会限制（Ostrom，2010），进而实现集体的自主组织和自主治理。UGC 内容问题的治理所涉及的参与主体，将埃莉诺·奥斯特罗姆预设的小规模参与群体从微观层面跃升至宏观层面；要实现参与主体间的自主组织与治理，UGC 平台的关键性作用需要特别关注。UGC 平台处在全部参与主体的关键位置，在这一位置下平台将所有参与主体串联在一起，对各主体间的信息交流提供了有效渠道和作用机制。探索 UGC 平台在治理中的核心作用，有助于 UGC 参与主体更加有效地实现治理模型。因此，深入探究 UGC 平台在参与主体治理中的关键作用是本书要解决的核心问题。

二、研究目的与意义

基于上述问题分析，本书以研究 UGC 参与主体的治理模型与实现路径为目的，期望通过理论与研究综述、多案例探索分析以及微分博弈、演化博弈、双边匹配等数理推导方式，加之进一步的计算机仿真模拟，在构建 UGC 参与主体治理模式及其实现路径的理论框架下，深入分析 UGC 信息链不同阶段参与主体治理的实现过程，并进一步探究 UGC 平台在参与主体治理中的关键性作用，为各参与主体提供决策思路，有效提升 UGC 内容问题的解决成效，为推进国家“清朗”网络空间的战略布局提供决策依据。因此，本书的研究目的有以下几点：

（一）构建 UGC 参与主体的治理模型

本书希望在“UGC 平台—MCN 机构—头部内容生成用户—腰、尾部内容生成用户—内容消费用户”的 UGC 参与主体框架下，从图文类、短视频类、音频类三个类型深入挖掘 UGC 代表性企业，利用多案例探索性研究构建 UGC 参与主体的治理模型并提出其实现路径的理论框架。

（二）探索基于信息链的治理实现路径

在UGC参与主体的治理模型下，本书基于UGC“生成—审核—分发”的信息链流程，进一步探索参与主体治理的具体实现路径，包括探索UGC生成阶段在优质内容生成方面头部用户对腰、尾部用户的带动效应分析，UGC审核阶段“UGC平台—MCN机构—头部内容生成用户”三方在内容审核决策方面的博弈分析，以及UGC分发阶段平台对内容消费用户和内容生成用户的双边匹配分析。通过对上述三个阶段各参与主体的交互行为分析，开展UGC参与主体治理的具体实现路径研究，为治理决策提出方案和思路。

（三）明确平台在UGC参与主体治理中的关键性作用

在探索UGC参与主体治理的实现过程中，进一步分析UGC平台对治理结果的促进作用。深入分析不同阶段下UGC平台影响各参与主体治理决策的关键性指标，包括平台补贴对头部用户带动效应的影响、平台审核强度和处罚力度对MCN机构和头部用户的决策影响以及平台评价在双边用户匹配时的桥梁作用等。研究期望通过数理模型推导和仿真分析，挖掘UGC平台这些关键性指标对治理结果的影响倾向和具体的影响区间，明确平台在UGC参与主体治理中所承担的关键性作用。

第三节　研究内容与方法

一、研究内容

在UGC行业的快速发展和内容质量问题凸显的现实背景下，本书从网络外部性催生的UGC治理诉求和传统治理“二分法”的治理困境出发，基于埃莉诺·奥斯特罗姆的自主治理理论，构建了UGC参与主体的治理模型并分析了

UGC 信息链视角下的实现路径。进一步地，通过数理模型推演和仿真分析，模拟 UGC 平台在参与主体治理实践过程中的关键参数影响，探究平台在治理中的重要作用。

具体研究内容如下：

第一章，导论。通过介绍 UGC 发展中的现实背景和理论背景以及对相关概念的界定，提出研究的主要问题，结合研究目的搭建研究的核心内容与章节框架，并设计合理的研究方法。

第二章，相关概念与行业现状。对本书所涉及的用户生成内容及其参与主体的相关概念进行阐述，对研究对象进行界定；同时，对 UGC 行业的发展现状进行分析和梳理。

第三章，相关理论与研究评述。介绍相关理论基础，梳理现有治理研究中平台的作用探索以及 UGC 治理现状的相关研究，发现现有 UGC 内容问题的治理方向与思路，评述相关研究的优势与不足，为本书研究找到有效的切入点。

第四章，UGC 参与主体的治理模型及实现路径。基于对埃莉诺·奥斯特罗姆自主治理的理论分析，提出 UGC 参与主体治理的理论预设，进一步通过多案例探索性分析，构建基于平台的 UGC 参与主体治理模型及其实现路径，为后续进一步研究 UGC 信息链不同阶段下参与主体治理的具体实现过程，探索 UGC 平台在参与主体治理中的关键作用提供理论支撑。

第五章，UGC 平台补贴、头部带动效应与优质内容生成。通过对 UGC 优质内容生成的三种决策模式进行微分博弈分析，探索平台补贴下的头部用户带动策略对内容生成用户总体收益以及 UGC 优质内容水平的改善效果，进一步通过算例仿真进行模拟比较，深入发掘平台补贴的合理定价区间，明确在 UGC 内容生成阶段参与主体治理的实现路径以及平台在其中的关键作用。

第六章，MCN 机构参与下的 UGC 内容审核决策。通过构建“UGC 平台—MCN 机构—头部用户”的三方演化博弈模型，分析参与主体治理所期望的{UGC 平台审核，MCN 机构管理，头部内容生成用户合规}演化稳定结果，探索 UGC 内容审核阶段参与主体治理的具体实现路径，并通过算例仿真进一步挖掘 UGC 平台审核强度、处罚力度等关键参数对参与主体治理实现的具体影响和作用。

第七章，UGC 平台评价与双边用户匹配决策。通过构建以 UGC 内容生成用户和内容消费用户双边满意度为基础的多目标匹配模型，探索 UGC 内容分发阶段实现参与主体治理的有效路径，明确平台评价对匹配模型的重要作用，并进一步通过算例仿真发掘 UGC 平台的匹配上限等关键参数对实现路径的具体影响。

第八章，研究结论与未来展望。总结 UGC 参与主体治理及其具体实现路径的研究，明确 UGC 平台在参与主体治理中的关键性作用与影响；进一步对照研究结果，分别针对 UGC 不同的参与主体提出改善 UGC 内容问题的对策建议，并阐述研究不足与后续的研究方向。

二、研究方法

本书涉及工商管理、公共管理、管理科学等多学科交叉，涉及的内容包含了理论探索、管理决策等多种形式，需要综合运用多种研究方法。因此，本书结合研究内容采用了以下几种方法进行研究：

（一）探索性案例分析

遵循扎根理论研究的操作步骤，运用深度访谈与大数据资料收集相结合的方法，收集关于 UGC 平台分类下的典型企业及其相关的“一手资料”与“二手资料”，运用内容分析法对资料进行反复比较和提炼，直至理论饱和，最终提出 UGC 参与主体的治理模型，同时发掘基于信息链的治理实现路径。

（二）微分博弈

通过微分博弈方法，对 UGC 平台补贴下的头部带动决策、头部与腰尾部内容生成用户协同决策以及无带动效应的分散决策三种模式进行比较分析，探索 UGC 生成阶段平台优质内容生成的有效决策路径。

（三）三方演化博弈

运用三方演化博弈方法，探索以 UGC 平台、MCN 机构、内容生成用户为博弈主体的模型演化过程，运用复制动态方程分析和MATLAB软件仿真分析，模拟UGC生成阶段三方博弈主体在治理中的策略演化路径。

（四）双边匹配

UGC内容生成用户与内容消费用户各自的满意度决定了其选择行为，通过双边匹配分析，探索基于双边总体满意度的匹配方案，为内容分发阶段UGC参与主体治理决策的实现路径提供决策依据。

（五）计算机仿真分析

在上述各阶段数理模型分析的研究基础上，利用MATLAB软件对具体算例进行仿真分析，利用可视化对比进一步深入探索模型中UGC平台的关键性参数对分析结果的影响。据此，本书的技术路线如图1.2所示。

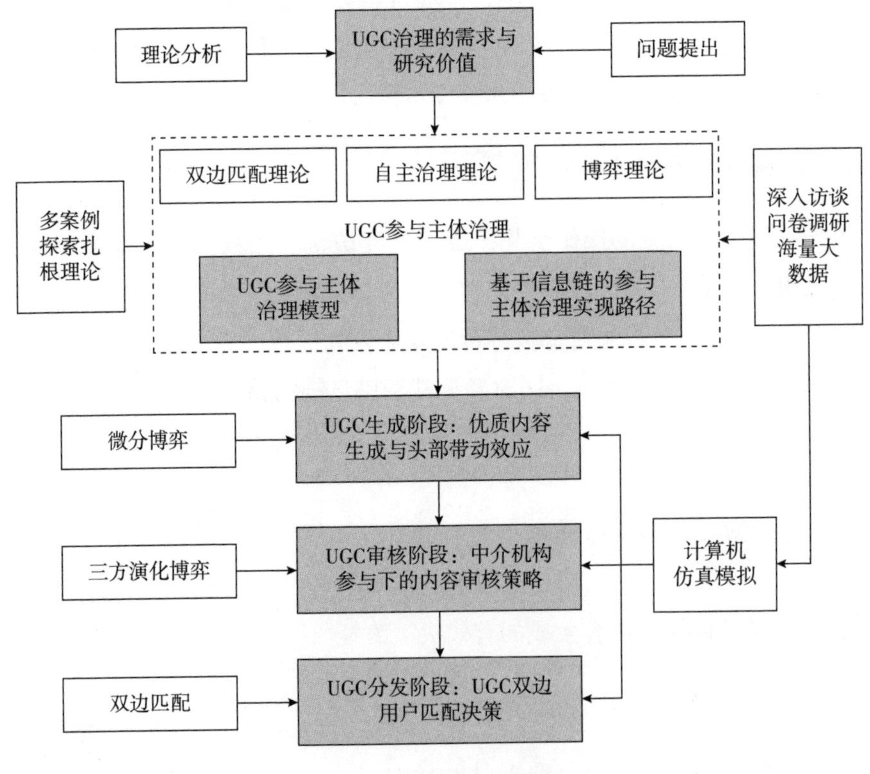

图1.2　本书的技术路线

第四节　研究创新

基于对相关文献的梳理，本书在构建 UGC 参与主体治理模型与实现路径的分析框架的基础上，通过“内容质量问题—参与主体关系—治理实现路径”这一基本思路，以自主治理理论的元分析框架（IAD）为研究视角，从 UGC 参与主体的行动场景、互动模式、交互结果出发构建 UGC 平台参与主体的治理模型，并基于 UGC 信息链探索“内容生成—内容审核—内容分发”的治理实现路径，实现对自主治理理论应用与内容治理研究的进一步拓展和深化。与现有的研究成果相比，本书可能存在以下三个方面的创新：

（1）将从 UGC 参与主体的集体行动困境分析内容生成用户“搭便车”行为作为 UGC 内容质量问题本质的核心矛盾，在此基础上本书探索自主治理思想在 UGC 参与主体治理方面的应用，通过探索性案例和扎根研究，找到基于平台关键作用的治理模型并发掘其实现路径，连接公共管理与工商管理，丰富自主治理理论的应用情境。

（2）引入 UGC 信息链概念，基于 UGC“内容生成—内容审核—内容分发”信息链的不同阶段，构建不同行动情境下 UGC 参与主体的互动模式与行为结果，据此探索不同场景下参与主体治理的实现路径，最终形成研究闭环，为 UGC 参与主体治理的实现路径提供可行依据。

（3）提出平台在 UGC 参与主体治理模型中的关键性作用，引入 UGC 平台的补贴系数、审核强度、处罚力度、平台评价等重要参数，探索 UGC 信息链不同阶段参与主体治理实现过程中 UGC 平台对行动者决策过程和治理结果的影响，明确平台在 UGC 参与主体治理中的关键性作用。

本章参考文献

[1] 许洁. 短视频平台生态治理机制优化研究 [J]. 新闻世界，2019（8）：

92-96.

[2] Waheed A, Shafi J, Krishna P V. Classifying Content Quality and Interaction Quality on Online Social Networks [M] //Social Network Forensics, Cyber Security, and Machine Learning. Springer, Singapore, 2019: 1-7.

[3] Chin C P Y, Evans N, Choo K K R. Exploring Factors Influencing the Use of Enterprise Social Networks in Multinational Professional Service Firms [J]. Journal of Organizational Computing and Electronic Commerce, 2015, 25 (3): 289-315.

[4] Giermindl L, Strich F, Fiedler M. Why Do you not Use the Enterprise Social Network? Analyzing Non-users' Reasons through the Lens of Affordances [C] // Proceedings of the International Conference on Information Systems, Seoul, South Korea, 2017: 1-20.

[5] Osch W, Steinfield C, Balogh B A. Enterprise Social Media: Challenges and Opportunities for Organizational Communication and Collaboration [C] // Proceedings of the Hawaii International Conference on System Sciences, Washington, DC, USA: HICSS, 2015: 763-772.

[6] Olson M. Logic of Collective Action: Public Goods and the Theory of Groups (Harvard Economic Studies V. 124) [M]. Harvard University Press, 1965.

[7] [美] 埃莉诺·奥斯特罗姆. 公共事物的治理之道：集体行动制度的演进 [M]. 余逊达，陈旭东，译. 上海：上海译文出版社，2012.

[8] Samuelson P A. The Pure Theory of Public Expenditure [J]. The Review of Economics and Statistics, 1954, 36 (4): 387-389.

[9] 汪旭晖，张其林. 平台型电商企业的温室管理模式研究——基于阿里巴巴集团旗下平台型网络市场的案例 [J]. 中国工业经济，2016 (11): 108-125.

[10] [美] 埃莉诺·奥斯特罗姆. 公共资源的未来：超越市场失灵和政府管制 [M]. 郭冠清，译. 北京：中国人民大学出版社，2015.

[11] 张培超. 内容产品的结构链：一种互联网内容产品的认知视角 [J]. 新闻界，2016 (13): 56-60.

[12] Ostrom E. Beyond Markets and States: Polycentric Governance of Complex Economic Systems [J]. American Economic Review, 2010, 100 (3): 641-672.

第二章

相关概念与行业现状

第一节　相关概念界定

一、用户生成内容（UGC）

本书遵循经济合作与发展组织关于用户生成内容（OECD，2007）的定义，即由用户所创造的、发布在公众所能看到的公共网络或平台上的内容。UGC 的生成需要一定的创造性，同时它是在专业管理和实践之外所创建的（Baym，2011），具有不受限制的可见性（Gray 等，2011）。

UGC 涵盖了多种形式的内容。从简单的评论式内容（如淘宝网、京东、亚马逊等电子商务平台上消费者关于产品购买和使用感受的评论，携程、去哪儿、爱彼迎等旅游平台上用户对旅游目的地体验等方面的评论），到问答社交式内容（如知乎、百度知道、维基百科等知识问答平台上用户对相关问题的回答与介绍，微博、Facebook、Twitter 等社交媒体平台上用户的社交类内容）；从图文和短视频的垂类内容（如微信公众号、头条号等自媒体平台上用户关于某一垂类内容的分享，抖音、快手、YouTube 等短视频平台上的垂类视频内容），到音频和直播内容（如喜马拉雅 FM、荔枝等音频分享平台上用户生成的声音内容，斗鱼、虎牙等游戏直播平台上玩家对游戏内容的直播）。丰富多样的内容形式使 UGC 行业得到快速的发展，但同时也为 UGC 平台及对其参与主体的治理提出了更严峻的挑战。

二、UGC 参与主体

UGC 的核心参与主体包括了 UGC 平台、头部内容生成用户、腰尾部内容生成用户、内容消费用户以及 MCN（Multi-Channel Network）机构。这五类参与主体串联起 UGC 从生成到最终被消费的全过程，如图 2.1 所示。

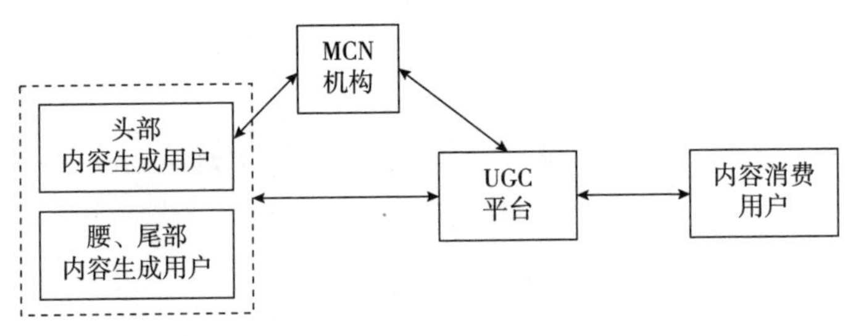

图 2.1　UGC 参与主体结构

资料来源：作者绘制。

（一）UGC 平台

不论 UGC 的形式如何丰富，都离不开其所依赖和生长的网络空间载体，这个载体就是网络平台。UGC 平台是承载 UGC 的网络平台，平台不生成媒体内容，而是为用户提供生成和协作，以及分发、定制和开发内容的方法（Naab 和 Sehl，2017）。UGC 平台涵盖了图文、视频、音频、直播等以 UGC 为主体的互联网平台，用户和 UGC 是其核心资源。UGC 平台与传统企业以及其他互联网平台相比，具有以下特征：

（1）UGC 平台具有去中心化特征。所谓“去中心化”就是对中心节点的“降权”操作，即没有强制性中心控制、所有节点自治、节点之间高度连接，这意味着消除了平台“看门人”，让更多的人进入系统中（Schneider，2019）。UGC 平台，用户从传统的被动接收信息转变为主动创造和传播信息，每个用户都可以成为信息和内容发布的中心节点并通过 UGC 平台与其他用户进行联结，网络成为一个具有众多分散节点的系统。

（2）UGC 平台用户既是内容生成者又是内容消费者。在任何内容型平台上都有两种类型的角色，既有提供内容的参与者又有内容的消费者。在传统媒体中，这通常是两组不同的参与者，而 UGC 平台的终端用户既是内容贡献者，也是内容消费者。UGC 平台连接着内容生成和内容消费的双边用户，不论是内容生成还是内容消费，参与者都是普通用户，而这一特点拉近了双边用户间的距离，提升了平台的网络信任度。

（3）UGC 平台具有更加明显的网络外部效应。UGC 平台连接着内容生成和内容消费双边用户，较其他类型的互联网平台具有更明显的网络外部效应。互联网平台的网络外部效应是指随着用户的增加，网络中的用户能够从网络规模的拓展中得到更高的价值，UGC 平台两边是具有较强自主性的个体用户或用户群体，这使网络外部效应得到扩大。在 2020 年新冠肺炎疫情的影响下，UGC 平台的特征得到进一步放大。武汉火神山、雷神山医院的建设直播累计观看用户超 6000 万人次，形成全国人民“云监工”的景象，“全民宅家”状态使 UGC 平台去中心化特征和网络外部效应得到充分显现。

用户生成内容主要包括图文、音频、视频三个方面（Tang 等，2014），基于内容类型对 UGC 平台进行分类具有一定的理论和现实依据。在《媒体经济手册》（*Handbook of Media Economics*）中，Luca（2015）从图片、个人更新、网络产品和服务评价、百科全书及参考网站、视频、新闻稿件、众筹评论、分享平台、社交支付、讨论和问答、博客对 UGC 平台进行了分类并罗列了相关典型的 UGC 平台。本书结合我国的 UGC 平台发展特点，根据 UGC 平台涵盖的不同内容形式，从图文类、音频类、视频类三个方面对平台进行了分类并列举出国内的代表性平台，具体分类如表 2.1 所示。

表 2.1　UGC 平台分类

分类	涉及内容形式	典型平台
图文类	涉及自媒体、内容社区、知识分享等以用户生成图文为主要内容的平台	微博、微信公众号、趣头条、小红书、知乎、百度知道等
音频类	涉及有声书、K 歌等以用户生成音频为主要内容的平台	喜马拉雅 FM、荔枝、唱吧、全民 K 歌等

续表

分类	涉及内容形式	典型平台
视频类	涉及短视频、Vlog 等以用户生成视频为主要内容的平台	抖音短视频、快手、哔哩哔哩、火山小视频、腾讯微视等

资料来源：根据公开资料整理。

（二）UGC 双边用户

Van Dijck（2009）从文化、经济、劳动关系等视角对 UGC 的用户分类进行研究，并在经济视角将用户分为内容生成和内容消费两种类型。本书遵循其二元解析的经济视角思路，依据平台的双边含义将 UGC 双边用户分为内容生成用户（Content Generator）和内容消费用户（Content Consumer），二者用户共同组成了 UGC 的双边用户群体，在 UGC 参与主体中具有至关重要的作用。

1. 内容生成用户

随着 Web 2.0 时代的到来，“用户”在互联网中的资格被更多的关注（Livingstone，2004），用户开始成为互联网上活跃的贡献者，积极奉献着自己创造性的努力。在内容生成一端积极活跃并贡献内容的用户被称为 UGC 的内容生成用户。内容生成用户为 UGC 行业提供了其赖以生存的内容资源，其成长轨迹直接影响行业的发展。

内容生成用户又可以根据用户的影响力、粉丝量、贡献度等将其分为头部内容生成用户和腰尾部内容生成用户。内容生成端的用户符合“二八定律”，头部内容生成用户占 UGC 内容生成用户的小部分体量，但贡献了平台的大部分生成内容，此类用户对 UGC 内容质量具有重要的引领作用；而腰尾部内容生成用户则是平台绝大多数的内容生成用户群体，他们更明显地体现出 UGC 用户的去中心性和异质性，此类用户以其庞大的体量，对 UGC 内容质量的优劣产生重要的影响。

2. 内容消费用户

UGC 用户除积极或偶尔参与内容生成的用户外，更大的一个群体是纯粹的观众或被动观众（Van Dijck，2009），他们不生产内容，但为 UGC 行业贡献了另一类核心资源，即用户的流量资源。用户通过浏览和观看平台上的内容，贡献流量资源，形成网络平台市场的“注意力经济”（Davenport 和 Beck，2001）。内容消费用户在平台的粘性体现了其对 UGC 内容的认可程度，而他们对于内容生成用户的直接反馈，如点赞、关注、分享等行为也进一步影响了内容生成端的用户感知与行为。内容消费用户与 UGC 其他参与主体的交互行为也起到了重要的作用。

（三）MCN 机构

MCN 机构的概念起源于美国的社交网络平台及其相关行业，是一种基于专有资本运作将用户生成的内容与平台相连接的专业机构，又称为多频道网络。随着我国移动互联网技术以及 UGC 平台的快速发展，MCN 机构在国内的发展后来居上，并更多地呈现出本土特色。我国 MCN 机构更多地聚焦内容、IP 等业态的经济、营销、运营，其主要定位于 UGC 内容生成用户和 UGC 平台的中间机构角色，起到连接的关键作用。我国 MCN 机构的发展从 2015 年开始，经历了 2015—2017 年的快速增长期，以及 2017 年至今的冷静发展和转型期。根据克劳锐公司报告，2018 年全国 315 家 MCN 机构中营收规模在 5000 万元以上的达到近百家，其中超过 1 亿元营收规模的达到 19 家①。

MCN 的最初概念来自 Davidson（2013）的研究，他通过对短视频平台的研究分析，探讨了 MCN 作为与内容生成用户具有共同利益关联的组织机构的概念。随后 Ahmad（2014）从 MCN 机构与短视频平台企业之间的利益关系出发，探讨了其作为中间机构提高平台运营效率和信任度等方面的重要作用。国外学者对于 MCN 的界定以及发展模式主要是基于社交视频平台 Youtube 的研究，且 MCN 与合作平台的关系是单一且稳定的，概念形式较为片面，但为了解 MCN 提供了一定的视角与思路，在一定程度上看到了 MCN 机构作为平台与内容生成用户之间关键中间机构的性质。

随着短视频及其他类型 UGC 平台的兴起和快速发展，MCN 这一组织形式在国内得到了生长的“沃土”，并形成了一些鲜明的本土特色。国内对于 MCN 机构的界定主要集中在对头部内容生成用户的组织和运营，以及其与相关的 UGC 平台进行合作与管理的组织形式等方面。这些 MCN 机构通常具有一定的

① 数据来源于克劳锐公司的《2019 中国 MCN 行业发展研究白皮书》。

资金支持与运营能力，能够实现头部用户在某一垂直领域的专业发展。他们更多地扮演了 UGC 头部内容生成用户的“经纪人”的角色，为内容生成用户提供了聚合机会（胡泳和徐辉，2020），并进一步为内容制作赋能。同时，MCN 机构与 UGC 平台达成合作协议，为平台培养和输送更多优质内容的创作者并帮助平台开展对内容生成用户的管理。基于上述分析，本书以中介机构的特性来定义 MCN 机构，即在运营 UGC 内容生成用户的基础上与 UGC 平台对接，实现平台与用户的高效连接。

第二节　UGC 行业发展现状

一、UGC 的发展历程

随着互联网技术的不断发展，网络信息交流方式发生了多次质的变化，从语音交流时代到短信交流时代，再到 PC 互联网时代、3G 移动互联网时代、4G 移动互联网时代，时至今日的 5G 互联网时代信息传播形式变化的背后是日益增长的信息传输量和逐渐降低的信息传输成本，是更高的信息传播效率与丰富程度。不同的信息交流形式形成了 UGC“简单评论—帖子文章—图文并茂—音视频”的演进过程，如图 2. 2 所示。

（一）语音、短信交流时代

模拟通信技术为我们带来了声音，人们可以利用“大哥大”打电话。这个时候，语音还是主流的信息交流方式，用户生成内容没有生成、上传与分享的技术与环境；而数字调制技术则让发短信成为当时时髦的交流方式，相较于语音，人们从文字中获取信息的效率更高。一段 100 字的语音至少需要几十秒的时间才能听完，而一段 100 字的文字多数人可以在几秒钟之内掌握它的核心信息，文字交流形式大大提升了信息传播获取的效率。用户虽然有了简单的内容生成方式，但仍缺乏上传与分享的技术途径。

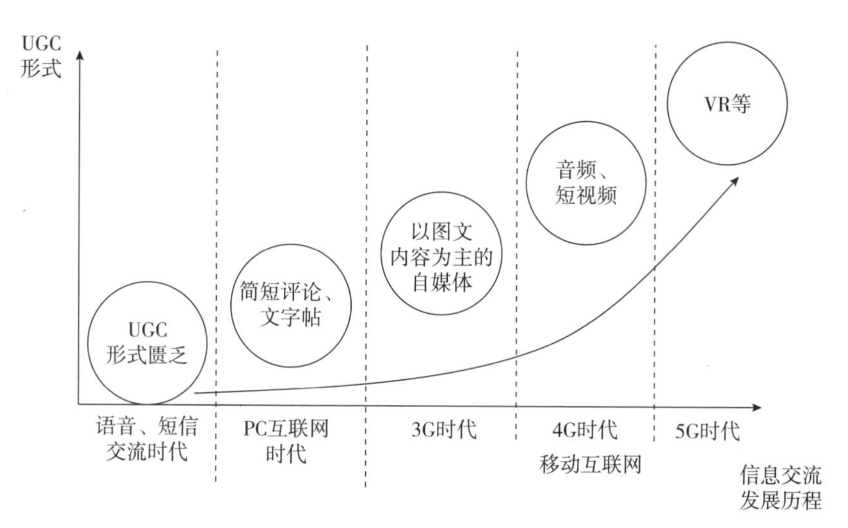

图 2.2　UGC 形式演进过程

资料来源：作者绘制。

（二）PC 互联网时代

用户在电脑上能浏览网页并生成简短的评论或者个人文字帖，如天涯论坛等社区上的内容成为最早的 UGC 形式。PC 互联网时代开启了用户参与生成网络内容的大门，用户有了更多的参与性与自主性。依托门户网站、社区论坛等初代平台，早期的内容生成用户开始了诸如主题讨论、社交评论甚至网络小说的内容发布。但是受限于网络速率以及 PC 机设备，PC 互联网时代的 UGC 形式与体量依然处在一个平缓的低发展阶段。

（三）移动互联网时代

3G 时代，网速和用户容量的提升给移动互联网发展带来了前所未有的红利。用户之前在电脑上才能浏览的网页，此时在手机上也有了不错的体验，图文并茂是 3G 时代最大的特点；到了 4G 时代，网络进一步提速，短视频平台的兴起，多人实时竞技游戏的繁荣，移动支付的全民普及均得益于 4G 时代网络带宽的增加，而视频可以说是 4G 时代信息传播形式的典型代表；如今的 5G 时代，信息技术得到进一步的发展，更高速的信息传播模式促进了更多新的交互形式的普及。

二、UGC 平台发展现状

UGC 平台所涉及的行业广泛，包括短视频、知识分享、在线音频、在线直播等众多行业，涵盖了图文、视频、音频、直播等 UGC 平台的主要类型。其中知识分享与在线音频行业所涉及的领域还涉及知识付费平台，本部分不予讨论。本部分重点通过对自媒体、短视频、在线直播三个主要行业各自市场的现状进行梳理，分析、了解 UGC 平台的发展现状。

（一）自媒体行业

自媒体也称为“个人媒体”“公民媒体”，意指在网络技术特别是 Web 2.0 的环境下，由于博客、共享协作平台与社交网络（如新浪微博、Facebook、Instagram）的兴起，使每个人都具有媒体、传媒的功能。如图 2.3 所示，“两微”[微信（公众号）、新浪微博] 仍然是目前中国自媒体平台月度活跃用户的领先者，头条号增长势头迅猛，月度活跃用户正在逼近微博，此外新近上市的趣头条月度活跃用户增长势头也很强劲。

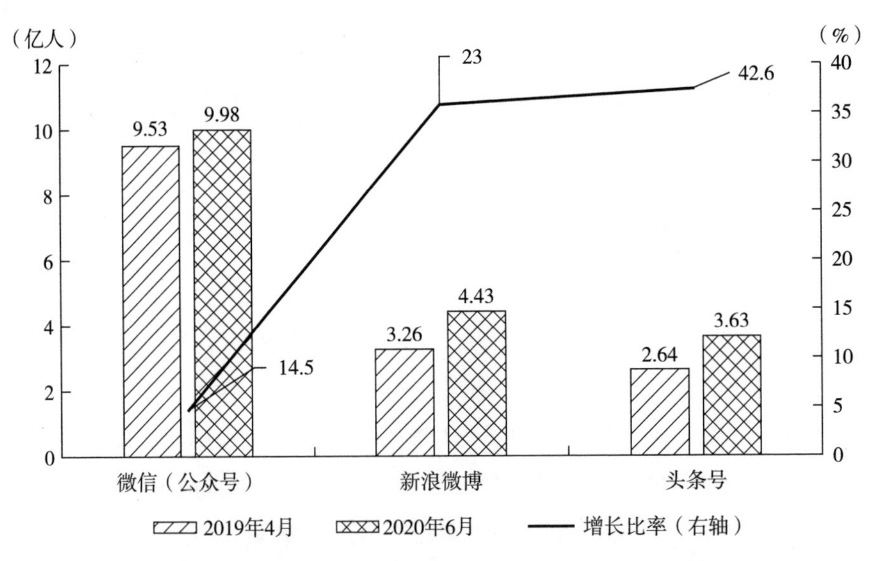

图 2.3 自媒体行业 2019 年 4 月与 2020 年 6 月典型平台月度活跃用户对比

资料来源：根据易观千帆《移动 App Top1000 排行榜》数据整理。

（二）短视频行业

短视频行业规模继续稳步发展。如图 2.4 所示，截至 2020 年 6 月底，中国手机网民用户规模达 9.4 亿，其中短视频用户规模达 8.18 亿，手机网民使用率为 87%。相较 2019 年 6 月短视频用户的略微下降，2020 年 6 月短视频用户无论是绝对规模还是在手机网民中的使用占比都展现了爆发式的上升态势，凸显了疫情期间“全民宅家”对短视频平台使用率的影响。

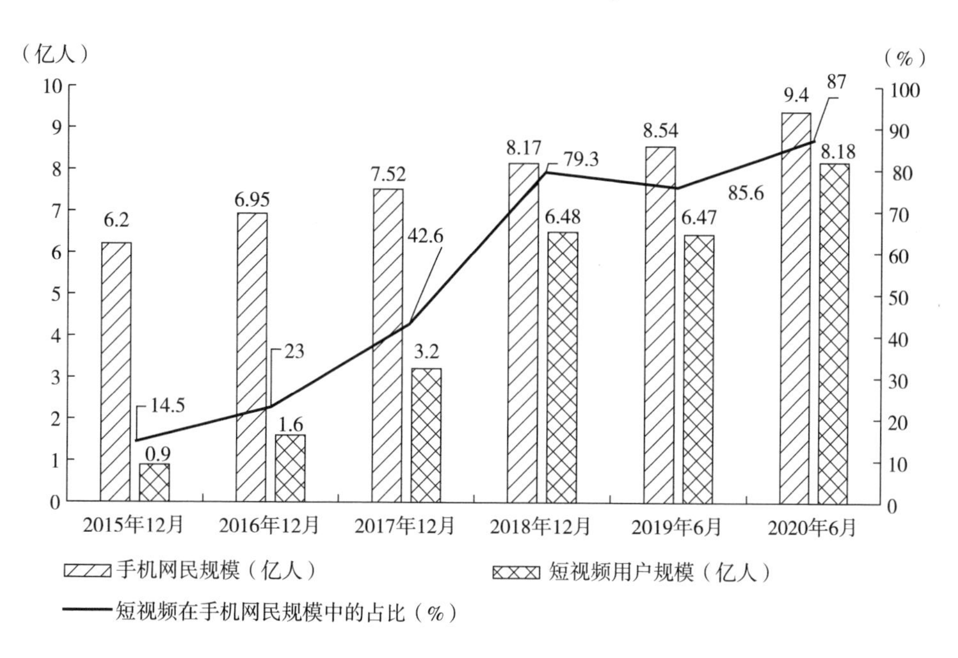

图 2.4　2015 年 12 月至 2020 年 6 月短视频用户占比情况

资料来源：中国互联网络信息中心（CNNIC）。

（三）在线直播行业

本部分所涉及的直播行业主要指用户生成类的直播平台，包括游戏、真人秀等个人内容的直播，不包括演唱会、体育、电商直播等直播平台数据。

截至 2020 年 6 月，我国用户生成类直播用户规模达 4.55 亿，较 2019 年 6 月增长 1.07 亿，占整体网民比例（使用率）为 48.4%。其中，真人秀直播的用户规模为 1.86 亿，较 2019 年 6 月减少了 1900 万，使用率为 23%；游戏直播的用户规模为 2. 69 亿，较 2019 年 6 月增长 1. 26 亿，使用率为 28. 6%。比较的结果见图 2. 5。

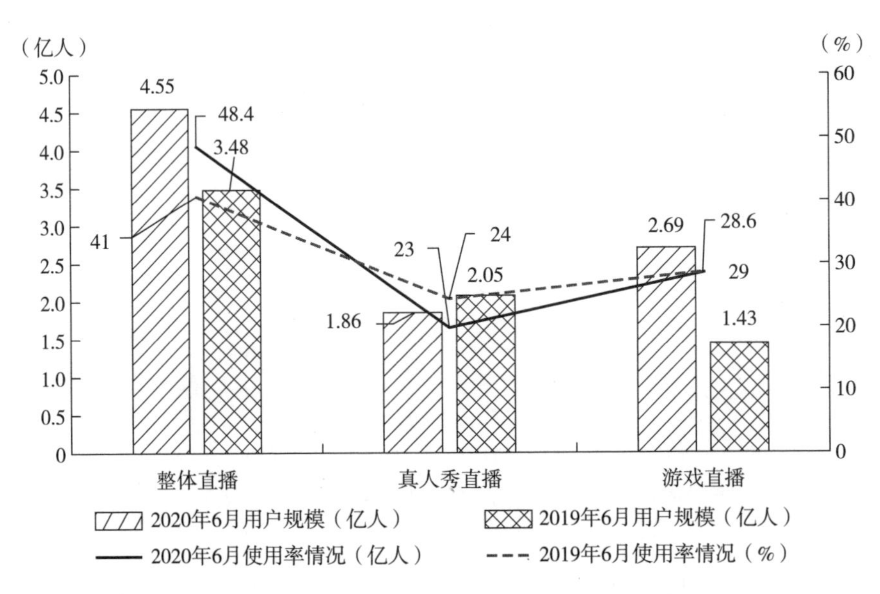

图 2. 5　2019 年 6 月和 2020 年 6 月用户生成类直播平台使用率及用户规模比较

资料来源：中国互联网络信息中心（CNNIC），数据截止时间为 2020 年 6 月。

从数据比较情况来看，2019—2020 年用户生成类直播平台的使用率的变化情况较为特殊。一方面，在新冠肺炎疫情的影响下，用户生成类直播平台的总体使用人数与使用率较上一年均有所上升。但是从分类来看，用户生成类直播平台的提升主要依靠游戏直播平台使用人数的上升，真人秀直播平台的绝对人数和使用率较 2019 年 6 月均有所下降。这或许由于国家近年来在网络内容生态上的一系列规范，“倒逼”真人秀直播平台从前两年的粗犷式发展逐渐趋于理性。另一方面，游戏直播平台使用人数较 2019 年同期虽有所上升，但总体使用率则保持不变。电商直播的崛起或许是其增长乏力的主要原因，内容直播战场正在逐渐从游戏、真人秀等传统用户生成类的直播平台转向电商直播的等新兴直播类型。

三、UGC 平台发展趋势

（一）用户生成内容与“注意力资源”的高效匹配

随着移动互联网技术的发展成熟，UGC 行业得到了迅猛发展，新基建推动下的 5G 技术发展、AR 等更强交互的信息传播形式以及平台人工智能辅助等内容生成技术，都在促进移动互联网内容爆发式的增长，网络信息内容丰富多元甚至达到了冗余状态。而 UGC 平台的另一边则面临着日渐增长的内容消费用户，广大用户的碎片化时间被短视频等 UGC 所激发，大量“注意力资源”涌入平台。新冠肺炎疫情以来的“全民宅家”状态更是将平台的“注意力资源”几何式地放大。在冗余的网络信息内容和“爆发”的“注意力资源”之间，平台如何进行内容的管理和分发，进而实现内容与“注意力资源”之间的高效匹配，是未来 UGC 平台所面临的发展挑战。

（二）UGC 平台“安全-发展”的平衡性趋势

政府加强监管力度，助力行业健康有序发展。2019 年 3 月，国家互联网信息办公室指导组织主要短视频平台试点上线“青少年防沉迷系统”，引导互联网企业积极履行社会责任，进一步加大青少年网络保护力度。截至 2019 年 10 月，已有 53 家平台上线了“青少年模式”，规范青少年用户的使用时长、时段、功能和内容，引导青少年合理使用网络。2019 年 11 月，国家互联网信息办公室等相关管理部门联合印发《网络音视频信息服务管理规定》，及时回应当前网络音视频信息服务及相关技术发展面临的问题，全面规定从事网络音视频信息服务相关方应当遵守的管理要求，为促进行业健康有序发展起到了重要的指引作用。

（三）“平台+MCN”模式继续占据内容运营主流

MCN 的概念是从国外引入并在国内日益发展起来的，MCN 指联合若干垂直领域具有影响力的内容生产者，利用自身资源为其提供内容生产管理、内容运营、粉丝管理、商业变现等专业化服务和管理的机构。简单来说，MCN 大致可以理解为那些掌握并运营着“头部网红”的机构，是链接平台、内容生产者和广告主等多方的中介机构。MCN 机构的中介作用决定了其在 UGC 平台发展中具有节约成本、提高效率同时保证内容质量等多方面的优势。随着 UGC 平台用户规模的逐渐壮大以及内容消费用户对内容品质要求的逐渐提升，内容运营的“平台+MCN”模式将成为未来 UGC 平台的主要发展趋势之一。

本章参考文献

[1] Wunsch－Vincent S，Vickery G. Participative Web and User－created Content：Web 2.0，Wikis and Social Networking [M]. OECD，2007.

[2] Baym N K. Social Networks 2.0 [J]. The Handbook of Internet Studies，2011，2：384.

[3] Gray P H，Parise S，Iyer B. Innovation Impacts of Using Social Bookmarking Systems [J]. MIS Quarterly，2011：629-643.

[4] Naab T K，Sehl A. Studies of User-generated Content：A Systematic Review [J]. Journalism，2017，18（10）：1256-1273.

[5] Schneider N. Decentralization：An Incomplete Ambition [J]. Journal of Cultural Economy，2019，12（4）：265-285.

[6] Tang T，Fang E，Wang F. Is Neutral Really Neutral? The Effects of Neutral User-generated Content on Product Sales [J]. Journal of Marketing，2014，78（4）：41-58.

[7] Luca M. User-generated Content and Social Media [M] //Handbook of Media Economics. North-Holland，2015，1：563-592.

[8] Van Dijck J. Users Like You? Theorizing Agency in User-generated Content [J]. Media，Culture & Society，2009，31（1）：41-58.

[9] Livingstone S. The Challenge of Changing Audiences：Or，What is the Audience Researcher to Do in the Age of the Internet? [J]. European Journal of Communication，2004，19（1）：75-86.

[10] Davenport T H，Beck J C. The Attention Economy [J]. Ubiquity，2001（May）.

[11] Davidson N. Can a Multi-Channel Network Boost Your YouTube Marketing Success [J]. SiteProNews, 2013, 3 (14).

[12] Ahmad A. Das Geschäftsmodell YouTube: Efrolgreiche Videoblogger Ohne Die Unterstützung Eines Multi-Channel-Netzwerks [D]. University of Applied Sciences, 2014.

[13] 胡泳，徐辉. 网红社交资产如何改变商业模式 [J]. 新闻界，2020 (8)：48-56.

第三章

相关理论与研究评述

通过上一章对本书的背景、概念和问题进行阐述，本章从平台作用下的UGC参与主体治理这一核心问题和目的出发，对所涉及的相关理论基础进行阐述，分析了UGC及其治理现有的研究状况，并梳理了已有关于平台在治理中作用的研究。最后，对总体文献状况进行了评析，从中找到本书研究的有效切入点。

第一节　理论基础

一、自主治理理论

自主治理思想是埃莉诺·奥斯特罗姆针对“一群相互依赖的委托人如何才能把自己组织起来，进行自主治理，从而能够在所有人都面对‘搭便车’、规避责任或其他机会主义行为诱惑的情况下，取得持久的共同收益”（埃莉诺·奥斯特罗姆，2000）所提出的治理理论。

埃莉诺·奥斯特罗姆（Ostrom，1990）基于众多案例，运用新制度经济学的理论和方法，形成了她独特的公共治理和自主治理理论，并以此为基础形成了一套分析公共池塘资源（Common-Pool Resources，CPR）的制度分析与发展框架（Ostrom 等，1994）。她对公共资源中的个人所面临的各种集体行动困境展开了研究，在大量的实证案例研究的基础上，开发了自组织和公共事物治理的制度理论，为面临“公共选择”悲剧和集体行动困境的人们提供了自主治理的方向。

（一）理论起源

1. 公共资源治理

一直以来，公共资源治理都是学者关注的焦点。从古希腊时期的亚里士多德开始，人们就认识到公共事物或者公共资源面临一定的问题，“多数人所能占有的公共事物反而受到了较少数人的关注；人们只关注自己能够占有多少公共资源而并不关心他人能够享有多少”（亚里士多德，1965），这在一定程度上反映了人们在享有公共资源时所出现的“搭便车”问题。各国历史中的研究记载也说明了人们对这一问题的关注，从法国卢梭的“猎鹿博弈”（卢梭，1962），到分田制度所带来的劳动积极性影响（具体内容可见《吕氏春秋》），都说明了人们对于公共资源所出现的问题予以的关注。学者们开始对公共资源的治理进行深入的研究和界定，所涉及的核心概念是公共事物，这是一种具有非排他性和非竞争性的物品（斯蒂格利茨，2000）。当某一人在占有和使用某物品时其他人也可以占有和使用该物品，如果要阻止他人使用则会付出高昂的成本且实现的技术难度很高；当消费某种物品的人数不断增加时，并不会影响其他人使用和消费该物品，即消费边际成本为零。能够看出，相较于私人物品的独占性而言，公共物品涉及多人共同参与的行为，是所有参与个体独自行为的总和。这其中受规则、信念、秩序等因素的影响，人们从个体行为转变成为集体行动。

2. 集体行动困境

所谓集体行动，是指“一个群体内的所有成员为了各自的利益，特别各自的利益能够形成共同受益时所产生的集体行为”（韦农，2011）。从历史的问题和思考来看，集体行动是存在问题的，当个体理性与集体非理性决策之间出现冲突时，个体利益和群体利益最大化之间的矛盾成为一种困境。西方学者的研究一直在关注集体行动上的问题，从社会学领域一直延伸到政治学、心理学、经济学等多个领域。法国学者古斯塔·勒庞早在 19 世纪末就从心理学的角度提出了对集体行动问题的探讨，他在经典著作《乌合之众》中指出了个体的理性意识在群体行为中会被消磨殆尽并极易被操控，成为“乌合之众”（LeBon，2011）。而“集体行动”的概念则最早由美国学者罗伯特等人提出，他们从社会学的角度对集体行动问题进行了分析（Robert 等，1921）。美国学者本特利在 1949 年提出的“集团”概念被看作是传统集团理论的源头，他提出“拥有相同利益的个体会为了集团的共同利益而聚集在一起行动”（Bentley，1908），然而本特利的论断并没有看到利益之间的非平衡状态（格林斯坦和波尔斯比，1996）。1965 年，美国著名学者奥尔森提出了对集团理论新的见解，其代表作《集体行动的逻辑》也奠定了集体行动理论的基石（Olson，1965）。奥尔森在其研究中提出了“搭便车”等集体行动问题，并分析集体的规模越大越容易出现这种困境（奥尔森，2014）。同一时期，美国经济学家加勒特·哈定在《科学》杂志上发表了其关于公地悲剧的论断（Hardin，1968），认为在集体行动中的人们很难脱离最终的悲剧结果。学者们对于集体行动的描述都提出了个体决策与集体利益间的行为假设，即集体行动中的个体决策存在“搭便车”等机会主义问题。个体在进行集体行动时只要能享受到集体行动所带来的利益分享，便会失去共同创造利益的动力（埃莉诺·奥斯特罗姆，2012）。

3. 困境解决方案

关于集体行动困境的解决方案，已有的研究分为了“市场主导”和“政府主导”两大主流派别。以市场为主导的治理理论，主张充分依托市场这只“看不见的手”来解决集体行动中存在的“搭便车”等机会主义行为。这一思想的奠基者便是科斯（Coase，1937，1960）。此后出现的交易成本理论（Williamson，1975，2007）、团队生产理论（Alchian 和 Demsetz，1972）、产权理论（Demsetz 和 Lehn，1985；Demsetz，1988）、委托代理理论（Jensen 和 Meckling，1976），以及不完全合约理论（Grossman 和 Hart，1986；Hart 和 Moore，2005）等都代表了公共资源治理的“市场治理”思想，它们认为通过市场内在的配置方案能够解决集体行动中存在的困境。

然而历史经验证明，在完全自由化的市场经济的引导下，会出现“市场失灵”的现象。于是另一主流方向“行政治理”思想应运而生，鉴于市场治理思想对出现的“市场失灵”现象无计可施的情况，建立起了以政府规制为主导的公共资源治理理论。以萨缪尔森、奥普尔斯、加勒特·哈定、卡鲁瑟斯和斯通纳、海尔布罗纳等学者（Samuelson，1954；Ophuls，1973；Hardin，1978；Carruthers 和 Stoner，1981；Heilbroner，1991）为代表的“行政治理”学派，主张政府通过集中管制来管理公共资源，以政府的作用取代市场化和产权机制。然而政府的集中管制理论虽然在一定程度上能够提升公共资源的治理效果，有效地解决了集体行动下的“搭便车”等问题以及因“市场失灵”的情况，但是

“行政治理”机制存在较高的治理信息成本和执行成本，导致治理的执行力欠缺，在一定程度上集体行动困境再次“露头”（埃莉诺·奥斯特罗姆，2015）。

（二）理论阐释

为了解决集体行动困境的传统“二分法”所面临的问题，埃莉诺·奥斯特罗姆提出了自主治理理论。在学者们基于多学科领域对集体行动研究以及制度主义的思想，埃莉诺·奥斯特罗姆对“集体行动”的含义进行了阐释，即“集体行动是在个人独立决策行动的基础之上，对系统内其他利益相关者产生影响的最终行动”（Ostrom，2010）。她在解决集体行动困境的传统“二分法”之外，提出了有效治理公共资源的第三种方法，即自主治理理论。

自主治理理论的出发点同“市场治理”和“行政治理”是一致的，都是为了解决在公共资源供应中出现的公地悲剧、“搭便车”等集体行动问题。所不同的是，埃莉诺·奥斯特罗姆构建了介于“市场”和“政府”二分思维的中间思路，其所讨论的核心问题是如何让具有利益相关的资源占用者自发组织起来，共同应对集体行动中所产生的“搭便车”等机会主义行为，实现公共资源治理的效率最优化（埃莉诺·奥斯特罗姆，2012）。埃莉诺·奥斯特罗姆指出了公共领域存在多种治理机制的可能性，她认为政府集中控制和完全私有化都不是解决这类问题的“灵丹妙药”。政府缺乏公共资源和公共事务的充分信息，因此实施监督、裁决和制裁的效率较低，成本较高；而公共服务和公共资源使用上的非竞争性（Non-rivalness）又决定了私有产权大多时候是不可能的。许多成功的公共资源制度“突破”了政府与市场僵化的分类。自主治理理论被广泛应用于经济学、政治学、社会学等领域中，为公共资源研究，乃至政府与市场、政府与社会关系的研究提供了有益的分析框架。

1. 应用场景

埃莉诺·奥斯特罗姆的研究一直关注于公共资源的治理，她在前人关于公共物品治理的基础上将治理的应用场景进一步细化，聚焦在小规模的公共资源治理问题上。奥斯特罗姆夫妇在萨缪尔森、马斯格雷夫、布坎南等学者的研究基础上，于1977年提出了公共池塘资源（Common-pool Resources，CPR）的概念（Vincent Ostrom和Elinor Ostrom，1977）。关于公共资源的分类，学者马斯格雷夫提出以消费者之间的竞争性“二分法”来界定公共资源类型（Musgrave，

1937)，之后美国学者萨缪尔森又从是否具有排他性的角度对公共资源进行了界定（Samuelson，1954）。可以说最初的“二分法”是比较简单的，美国学者詹姆斯·布坎南在二者的研究基础上提出了可分性原则，增加了“第三类物品”（Buchanan，1965）。奥斯特罗姆夫妇又从排他性和竞争性角度进一步细分，在此基础之上构建了“第四类物品”——公共池塘资源。公共池塘资源具有非排他性和高竞争性的特点，前一属性表明公共池塘资源的占有者在排除其他占有者时需要付出高昂的成本且技术可行性低，是向所有人开放的；而后一属性则说明了公共池塘资源的竞争和相互减损的特性，当占有者人数增加时资源系统产生“拥挤效应”，当一个使用者占有对资源的使用超过一定范围时便会对其他使用者造成一定损耗。奥斯特罗姆夫妇对公共资源的界定抛开了原有的排他性和竞争性非此即彼的二分原则，提出了两种属性由低到高的变化过程。公共池塘资源构成了埃莉诺·奥斯特罗姆自主治理的独特应用场景。

2. 研究框架

埃莉诺·奥斯特罗姆所构建的自主治理理论是从个体决策向系统决策逐渐演化的结果。她将公共池塘资源中的资源占用者描述为个体的内部世界，并探索了内部世界影响个体决策的四个关键变量：内部规范、贴现率、预期收益和预期成本。占有者在进行决策时需要权衡考虑预期收益和预期成本，而这两项因素又受到贴现率和内部规范的影响（埃莉诺·奥斯特罗姆，2012）。最关键的是埃莉诺·奥斯特罗姆在这一内部变量体系中加入了环境变量，使对决策结果解释的重点从内部的博弈计算上移开，实现了占有者个体决策的内部世界与外部世界的制度选择相连接。

综上所述，埃莉诺·奥斯特罗姆自主治理理论的制度选择变量总览见图3.1。

图3.2展示了自主治理理论的“制度分析与发展”（Institutional Analysis and Development，IAD）框架，即埃莉诺·奥斯特罗姆基于组织制度分析的目标，构建的自主治理理论的元分析框架。埃莉诺·奥斯特罗姆通过对三组外界变量的界定，来关注它们对行动场景的影响，这三组变量分别是自然世界性质、社群性质以及实际运行规则。简而言之，三种外界变量相互联系，影响行动情景和行动者所构成的行动场景，进而产生不同的互动模式、结果以及评价标准。

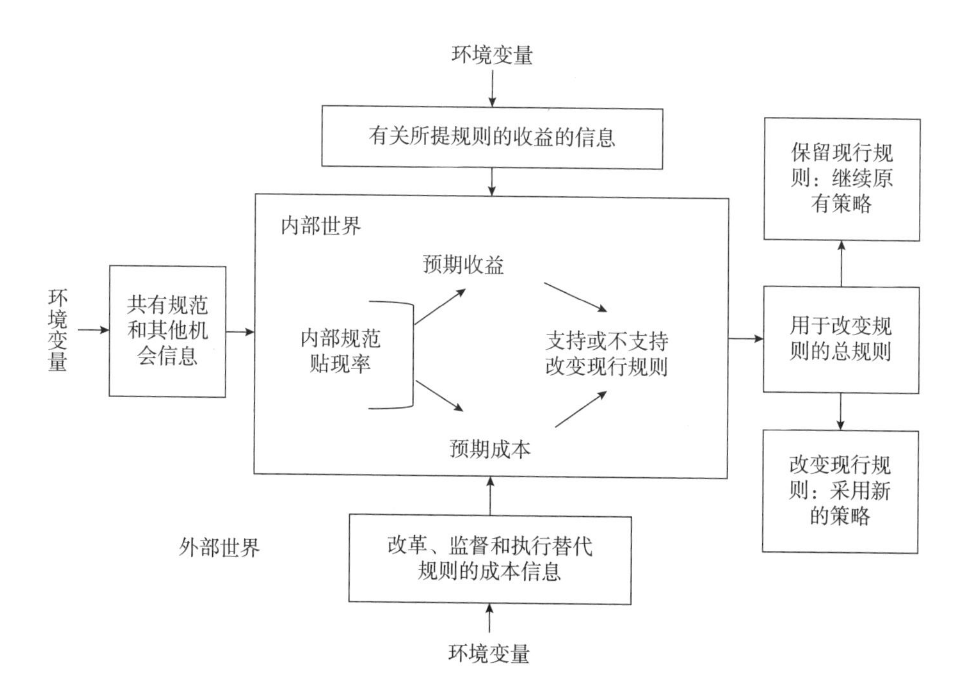

图 3.1　自主治理理论的制度选择变量总览

资料来源：［美］埃莉诺·奥斯特罗姆. 公共事物的治理之道：集体行动制度的演进［M］. 余逊达，陈旭东，译. 上海：上海译文出版社，2012.

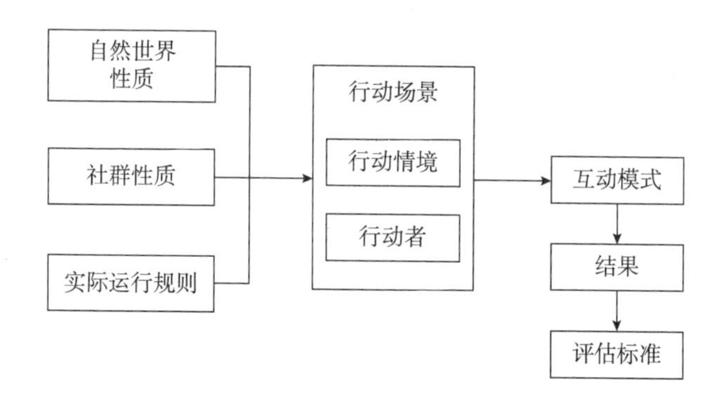

图 3.2　制度分析与发展（IAD）框架

资料来源：［美］埃莉诺·奥斯特罗姆，罗伊·加德纳，詹姆斯·沃克，等. 规则、博弈与公共池塘资源［M］. 王巧玲，任睿，译. 西安：陕西人民出版社，2011.

自主治理理论的IAD分析框架成为分析公共池塘资源治理的有效工具，它弥补了“市场—政府”传统二分法治理思想的缺陷，为破解集体行动困境提出了有效的解决路径（任恒，2019）。这一框架清晰地界定了自主治理的相关变量，厘清了行动者和行动情境在外界变量下的相互影响关系，为自主治理的制度安排、改善行为等提供了有效的指导。而随着公共资源与生态环境的变化，埃莉诺·奥斯特罗姆开始思考从“社会—生态”这一宏观视角去分析公共池塘资源的治理，将生态学与经济学、社会学等学科进行跨学科融合，通过分析社会与生态之间的复杂关系构建一套公共池塘资源治理框架。于是她提出了社会—生态系统（Social-Ecological Systems，SES）研究框架（Ostrom，2007）。利用SES框架，埃莉诺·奥斯特罗姆分析了影响自主治理的10个重要变量（Ostrom，2009）。从IAD框架到SES框架的升级，将自主治理思想从公共池塘资源治理拓展到了“社会—生态系统”治理，升华了自主治理理论，确立了其在公共事物研究的权威地位（王亚华，2018）。

（三）实践应用

埃莉诺·奥斯特罗姆的自主治理理论在实践领域中得到了学者们的广泛深入的研究和应用。

一方面，国内外学者们继续延伸了自主治理的研究思路。Kumar（2002）从联合森林管理（JFM）这一自主治理理论的实践应用分析出发，肯定了其在印度成功制止了森林退化中的作用，同时进一步探索了自主治理后续关于贫富差距和公平性的研究。Bauwens等（2016）则探讨了自主治理模型下丹麦、德国、比利时和英国的风电合作社在促进公民和社区参与方面的作用，从正反两个角度深入研究了埃莉诺·奥斯特罗姆SES框架的发展。Agrawal和Bauer（2005）也从印度库蒙的农村居民参与环境保护的案例研究中，分析了不同参与程度对环境保护的促进作用，拓展了模型框架。Gutiérrez等（2011）依据自主治理的SES框架对多个国家共同管理的渔业进行了分析，提出了强领导力、个人或社区配额以及社会凝聚力等也是自主治理成功的关键因素。此后，Barnett和Anderies（2014）将埃莉诺·奥斯特罗姆的SES框架结合反馈和治理失配来分析拉默隆港制度变迁的路径，探索了反馈强弱对社会—生态系统的影响。国内学者也从不同角度对自主治理理论进行了拓展和延伸。王羊等

（2012）在梳理了埃莉诺·奥斯特罗姆关于公共池塘资源与社会—生态系统的治理关系的基础上，提出了 SES 研究框架的局限性以及针对性分析的模型改善方案。杨立华（2007）则从资源/资本、人性、产品和组织四个角度探索了集体行动困境的原因，并基于“产品—制度”分析（PIA）框架对比了四种不同的自主治理模式。此外，国内多位学者也都在肯定自主治理理论的学术价值的基础上从我国的国情出发，提出了该理论存在的对象适用性、体制适用性和组织适用性等方面的局限（高轩和神克洋，2009；匡小平和肖建华，2009；朱广忠，2014）。

另一方面，国内外学者们也试图将自主治理理论的研究标的应用范围转向其他资源领域。Raudla（2010）在其研究中引入了预算公地的概念，将自主治理思想从公共自然资源拓展到公共财政资源领域。Lacroix 和 Richards（2015）则利用埃莉诺·奥斯特罗姆对公共池塘资源治理的制度分析框架，探索了加拿大某地区的碳排放治理制度，将自主治理的研究拓展到了大气污染领域。还有学者将自主治理的应用领域拓展到了金融资源领域，例如，Hudon 和 Meyer（2016）通过使用埃莉诺·奥斯特罗姆对公共池塘资源的自主治理设计原理，分析了巴西的社区发展银行在小额贷款业务上的资源治理问题，提升了非营利性小额信贷业务的包容性。此外，还有将自主治理思想引入绿色治理、土地治理等领域的相关研究，例如，李维安等（2017）充分肯定了埃莉诺·奥斯特罗姆的 SES 分析框架在市场、政府、社会的关系研究中的重要意义，为绿色治理研究提供了有效的理论分析框架。孙新华等（2020）在研究土地细碎化问题的治理机制时也充分利用了自主治理思想，提出了农民进行土地细碎化自主治理的可行性建议。此外，国内学者们还将自主治理的思想拓展至农村环境治理（李颖明等，2011；雷玉琼和朱寅茸，2010）、南极资源治理（鲍文涵，2016），以及城市社区治理（房亚明，2020）等领域。

埃莉诺·奥斯特罗姆的自主治理理论在解决公共物品供给和集体行动中面临的“搭便车”困境方面所贡献的创造性思想与实践性效果是毋庸置疑的。然而其适用对象的规模较小，使学者们需要更加深入地在自主治理理论拓展性应用上进行思考。

二、博弈理论

（一）演化博弈理论

1. 演化博弈理论的内涵

演化博弈理论是建立在分析生物系统行为这一理论目标之上的博弈理论（Frey，2010）。结合经典博弈理论和达尔文的生物进化理论，演化博弈理论萌发于20世纪60年代。经典博弈理论（Osborne，2004）描述了理性参与者的行为，试图用数学方法捕捉战略情境中的参与者行为。囚徒困境是经典博弈理论的一个典型范例，在这种假设情境中，个人是否做出成功的选择取决于他人的选择。经典博弈理论的概念一度成为经济和社会发展的有力理论支撑。演化博弈理论则并不依赖于这种传统的理性假设，而是基于自然选择和突变等进化力量是演化的驱动力这一观点（Smith和Price，1973；Smith，1982），其解释模型与传统的经济学、社会学博弈理论有着本质的区别，控制个体行为的遗传程序成为策略的选择依据。演化博弈理论的核心概念是演化的均衡稳定状态，其研究对象是由具有不同策略的个体组成的群体。这些个体在相同类型的博弈情境中一代又一代地相互作用，这种相互作用基于特定的系统情景以确定性规则或随机过程进行描述。经过半个多世纪的发展和演变，演化博弈理论在学术界得到拓展和广泛应用。

2. 多方演化博弈

在现实中，多主体参与的博弈情境更加典型，这其中公共物品博弈（Public Goods Game，PGG）是多方博弈常用的分析情境（Tanimoto，2015）。在这类博弈情境下，参与主体付出成本为系统提供收益，而部分参与主体则具有不主动付出但享受其他主体付出成果的“搭便车”行为动机。

假设多方演化博弈的参与者总数为 G，其中贡献者的贡献成本为 C，贡献者的数量为 N_C。系统的总体收益值在放大因数 r 的加持下得到最终的总和，并进一步分配给贡献者与“搭便车者”（D）。基于上述假设，能够构建出贡献者和“搭便车者”的结构收益函数，即 $\pi_C=r\frac{N_C}{G}-C$，$\pi_D=r\frac{N_C}{G}$；总有 $\pi_C<\pi_D$，即

任何参与情况下总有“搭便车者”的收益大于贡献者的收益。在此情况下贡献者最终将失去继续贡献的动机，均衡点为 $P_C=0$，而系统总体收益的帕累托最优均衡点为 $P_C=1$，从而将公共物品博弈情境构建成多人囚徒困境博弈。

（二）微分博弈理论

1. 微分博弈理论的内涵

微分博弈（又叫微分对策）是无限博弈的一种（李登峰，2000）。在微分博弈中能够看到依赖于决策变量的动态演进过程，这个过程的演进结果取决于两个及以上的决策，每个参与者的决策都建立在自身成本最小化的基础之上，而所有参与者的成本函数有可能会相互影响（Young 和 Zamir，1992）。在每个时间 t 上，参与者必须在不知道其他参与者打算做什么的情况下做出自己的决策，即每个参与者在 t 时刻做出的决策只取决于该时刻其所观察到的信息。基于上述微分博弈的描述，参与者的决策是随着时间的推移而改变的，这一博弈过程构成了相较于静态博弈的一种动态博弈。

同演化博弈相似，微分博弈理论也经历了从传统的二人零和微分博弈（Isaacs，1965）向多主体参与微分博弈的演进和发展的过程（Case，1969；Starr 和 Ho，1969），通过 Hamilton-Jacobi 方程组的联立系统，描述对个体参与者“最有利策略”。该理论能够提供相较于简单的动态优化情况更为复杂的情景决策优化。此种情况下的微分博弈包含了三个基本假设：①时间是连续的；②参与者受限于闭环决策（即只能根据当前时间和状态进行决策）；③参与者同时进行决策选择。

2. 微分博弈模型的求解

微分博弈参与主体的策略组成可以分成经典的三段模式。①分散决策模式：在此情境下，博弈参与主体分别以各自利益最大化为目标进行决策，决策组合构成了 Nash 均衡解。②协同决策模式：在此情境下，基于中间决策者或“自然”假设主体的中间作用，实现参与主体的信息共享与相互协同，实现总体利益最大化目标。③带动决策模式：此种模式更符合参与主体间的信息不对称等现实情况，一方参与主体率先进行决策行为并进行信息交互，其他参与主体在有效决策主体的行为下进行自身决策，从而构成 Stackelberg 主从博弈。

对于微分博弈模型的求解，事实上是对博弈所有参与主体的动态最优策略过程的求解，动态规划技术作为动态最优问题求解方法最为适用。贝尔曼动态最优化理论（Bellman，1957）经常被用作求解微分博弈的均衡解，该技术通过构建博弈参与主体的 Hamilton-Jacobi-Bellman 方程（HJB 方程），解决离散性动态规划中对于连续时间的最优化问题。

动态最优化问题表示为：$\max \int_{t_0}^{T} e^{-\rho t} G(t, M(t), F(t)) dt + C(M(T))$

其中，参与主体的决策变量为 $F(t)$，在 t 时刻的收益为 $G(t, M(t), F(t))$，$M(t)$ 为 t 时刻的状态变量。

关于该问题的求解遵循贝尔曼的动态规划技术，存在函数 $U(x, t)$ 满足：

$U(x, t) = \max[e^{-\rho t} G(t, M(t), F(t)) + U'(x, t) M'(t)]$

上述方程即为 HJB 方程，而后进一步基于 HJB 方程求得动态最优问题的均衡策略解。

（三）博弈理论与自主治理

埃莉诺·奥斯特罗姆在其自主治理思想中一直强调博弈理论的重要性，她认为博弈论具有很强的工具性，在面对参与主体的特定情境下能够建立有效的数学模型，进而对情境中的个体理性行为进行预测（Ostrom，2010）。但是埃莉诺·奥斯特罗姆多强调的是合作博弈模型的重要性，而非将规则执行者排除在模型之外的非合作博弈。所谓合作博弈就是要将规则或制度的执行者加入博弈模型的情景之中，而实际情景中的集体行动者就是在这种具有充分互动机会的情景中进行动态的多轮博弈，从而形成参与主体间合作的自主组织与自主治理（埃莉诺·奥斯特罗姆等，2011）。

埃莉诺·奥斯特罗姆正是在大量实证研究的基础上验证了博弈理论对于公共事物自主治理的可行性，并基于合作博弈的构念探索和分析了自主治理情景下不同参与主体之间的充分互动和多轮博弈。也正是在此过程中，各方利益相关者在自主治理制度下经由多轮博弈形成一套有约束力的自主规则和策略，并自发遵守这一自主规则，从而形成合理的治理效果。演化博弈与微分博弈都是一种动态的博弈模型，对自主治理中的规则与行为决策讨论有较好的适应性。演化博弈的分析对象是“群体”中所有参与者的行为策略，即参与主体间的互动行为均衡对模型的均衡结果造成影响，并且会进行多轮次的博弈，是一个动态的博弈过程，能够反映出所有参与主体之间的动态变化，很好地体现了多方参与主体之间复杂的交互过程。

三、双边匹配理论

（一）理论概述

双边匹配理论源于诺贝尔经济学奖得主 Gale 和 Shapley 关于婚姻双方匹配问题以及高校与学生匹配问题的研究（Gale 和 Shapley，1962），两位研究者开发的延迟接受算法（DA 算法）构成了双边匹配理论的核心，该算法后来被广泛称为 G-S 算法。

Gale 和 Shapley 关于婚姻双方匹配问题是典型的一对一匹配问题（One-to-one Matching），即每一个参与者可能且最多与一个相对应的参与者匹配。这一模型包含两个不相交的集合，分别为代表男性的集合 $M=\{m_1,m_2,m_3,\cdots,m_n\}$，代表女性的集合 $W=\{w_1,w_2,w_3,\cdots,w_n\}$。在此模型中，“个人偏好作用”这一重要概念起着关键性作用，代表了男性或女性在众多选择中进行决策的依据。例如，每一位男性 m 的偏好可以表示为一个偏好集 $P(m)$，该偏好集为 $W\cup\{m\}$。若男性 m 的偏好集表示为 $P(m)=w_1,w_2,m,w_3,\cdots,w_p$，则表明 m 的第一选择为 w_1，第二选择为 w_2，第三选择为不结婚……依次类推。同样地，每位一女性 w 也会有自己的偏好集，在这样的情况下，则会产生最优的匹配集合，而匹配结果是否稳定则取决于是否会有其他元素对集合中的匹配元素造成影响。在此情形下，利用 G-S 算法最终得到双边满意的稳定匹配。

高校招生则属于多对一的匹配问题（Many-to-one Matching），即高校作为机构参与者可以匹配多个学生，而一个学生作为个体参与者只能匹配一个高校。能够看到，多对一匹配问题的核心是如何对机构参与者即能够匹配多个参与者的那一方主体的建模（Roth 和 Sotomayor，1992）。

（二）理论应用

在双边匹配的不断发展过程中，学者们进一步对理论进行了丰富的拓展。Roth 团队在 Gale 和 Shaply 研究的基础上，对双边匹配理论提出了明确的概念，详细分析了现实案例并对相关核心概念进行了界定（Roth，1985）。其团队将双边匹配理论在美国高校与学生匹配、医疗系统医师匹配、捐献器官匹配等问题上进行了细致的阐述和应用（Roth，1986，1990，1991）。在双边匹配理论的方法研究方面，国内外学者一直在做着积极的贡献：从“稳定双边匹配方法”，包括可交换稳定匹配问题的 AC 求解算法（Manlove 等，2007）、工厂匹配问题的时间最优算法（Eirinakis 等，1024）、扩展 H-R 算法（梁海明和姜艳萍，2015）等；到“双边满意匹配方法”，包括划分时间段的医院匹配（Yang 等，2015）、基于不完全序值信息的匹配算法（乐琦和樊治平，2015）等；再到“公平双边匹配方法”，包括顺序匹配公平机制（Klaus 和 Klijn，2007）、最大最小匹配模型（Liu 和 Ma，2015）等。

学者们对双边匹配理论的不断丰富和拓展，极大地激励了实践研究领域的应用，应用范围从最初的婚配问题下的男女匹配、招生系统中的高校与学生匹配、医疗资源匹配等逐步拓展至经济社会生活中更加广泛的领域，如金融信贷市场中银行与贷款企业之间的匹配问题（Chen 和 Song，2013）、资本市场中风险投资机构与融资企业之间的匹配问题（阮拥英，2016）以及通信系统背景下卫星网络与用户的匹配策略（邓旭和朱立东，2019），等等。随着移动信息技术和互联网双边市场的高速发展，关于网络平台中的双边匹配问题得到了广泛的关注。Sarne 和 Kraus（2008）最早开始关注电子商务市场中平台双边用户的匹配问题，樊治平和陈希（2009）从电子中介参与的视角探讨了电子商务平台的双边匹配问题。此后关于平台双边匹配问题的研究越来越丰富，包括互联网金融平台中的借贷双边匹配（吴凤平等，2016）、物流平台的车货匹配（贾兴洪等，2017）、互联网智能平台下的医患匹配（陈希和王娟，2018）以及网约车平台的顺风乘客匹配（马瑞民和姚立飞，2021）等方面的研究，涵盖了交易、服务、物流、金融等多个领域的网络平台双边匹配问题。

第二节　UGC 及其治理的研究现状

用户生成内容（UGC）指由网络社区的成员为了与他人分享信息和观点而

创造的一组广泛的在线内容（Tirunillai 和 Tellis，2012）。为点对点交流而创建的 UGC 有多种形式，包括文本、音频和视觉材料（如维基百科、博客、评论、播客、查询数据库、论坛、社交媒体社区等）（Tang 等，2014）。UGC 在 Web 2.0 时代下诞生并在移动互联网技术下迅猛发展。

过去对用户生成内容（UGC）、社交媒体和企业战略的研究有许多不同的方向。许多研究都着眼于用户生成内容的动态和动机（Toubia 和 Stephen，2013；Daugherty 等，2008；Sun 等，2017；Iyer 和 Katona，2016；Ahn 等，2016；Bazarova 和 Choi，2014；Buechel 和 Berger，2015）。大量的实证和理论研究也调查、分析了企业如何从 UGC 中收集信息，并战略性地使用它来执行其营销职能（Ghose 等，2012；Timoshenko 和 Hauser，2019；Iyengar 等，2011；Goh 等，2013；Godes 和 Mayzlin，2004），许多研究将 UGC 作为竞争企业的最佳差异化战略（Yildirim 等，2013；Zhang 和 Sarvary，2015）。已有研究更多地聚焦于 UGC 自身在企业管理、营销、战略等管理学领域的影响与作用，而随着参与主体的逐渐明晰，学术界开始更多关注 UGC 用户、UGC 内容质量及其治理方面的研究。

一、UGC 用户研究

（一）UGC 用户分类

在 UGC 用户维度，学者们对用户分类与角色、用户生成内容动机两个方面的研究较多。Zhang 和 Galletta（2015）从人机交互视角对用户进行分类；赵宇翔等（2012）将 UGC 用户分为个体、组织和社群三类；Vickery 等（2007）则在对 UGC 网络价值链的研究中将用户分为了内容生产和内容消费双边用户；Dijck（2009）从文化、经济、劳动关系等视角对 UGC 用户进行了二元解析，其中经济视角也将用户分为生产者和消费者。学者们对用户生成内容动机的研究即是侧重对内容生成用户的研究，而对内容消费用户的研究则非常少，因此本书遵循二元解析的经济视角思路，依据 UGC 及其依赖的平台双边含义将 UGC 用户分为内容生成用户和内容消费用户。

（二）用户参与动机（内容生成用户）

内容生成用户是 UGC 的核心用户，其生成的内容为 UGC 生态提供了核心产品。对于内容生成用户参与动机的相关研究一直是学术界积极关注的重要方向，学者们从理性行为理论（Theory of Reasoned Action，TRA）、计划行为理论（Theory of Planned Behavior，TPB）、技术接受模型（Technology Acceptance Model，TAM）等不同视角提出了激励内容生成端用户参与的激励模型，这些参与动机激励研究主要包括平台激励、用户间激励和专家激励三个方向。

1. *平台激励*

许多 UGC 平台，如电子商务网站、影评网站和在线旅行社（OTA），都采用在线奖励机制来鼓励用户活动，而学者们进一步的研究也表明了在线激励对促使用户贡献更多的内容产生了积极影响（Cavusoglu 等，2015；Goes 等，2016；Hamari，2017）。平台通过奖励等级与阶梯制的任务，提升用户的参与动机（Liu 等，2018），例如为 UGC 提供金钱奖励可以吸引分布在各地的内容生成用户的贡献，也可以激励那些原本没有贡献意愿的用户（Körpeoğlu 和 Cho，2017）。

UGC 的贡献也来自于一些无私的用户，他们的内在动机是分享知识和信息，而不是相关的奖励，因此除平台激励外，来自用户之间或者专家肯定的激励对用户参与度也有较好的效果。

2. *用户间激励*

除了来自平台的激励，通过同类用户之间的有益投票或点赞机制通常也能对提高用户参与度产生积极的影响（Baek 等，2012；Fang 等，2016；Kwok，2016）。

3. *专家激励*

来自官方平台的专家评审，在鼓励用户贡献高质量内容方面也具有比用户间认可更强的效用（Zhang 等，2016）。

（三）用户粘性（内容消费用户）

内容消费用户作为 UGC 平台双边用户之一，是 UGC 内容生态赖以生存的流量来源。UGC 内容消费用户天生具有很强的流动性，随着移动互联网技术的快速发展，内容消费用户的选择更加丰富，平台的用户粘性成为学界关注的主要问题。

用户粘性（User Stickiness），又被称作网站用户粘性、网络用户粘性或平台用户粘性，近年来引起了很多学者的关注和研究，对其定义也不尽相同。有一部分学者从平台的角度对用户粘性进行定义（Bellini，2009；Zhang 等，2017；Zott 等，2000）。而也有一部分学者则是从用户的角度对粘性进行了描述（Li 等，2006；Lin，2007a，2007b）。本书采用了用户角度的粘性定义，认为用户粘性是用户重复、持续、深入使用平台的意愿。通过对已有文献的梳理可知，在用户粘性的衡量指标方面，有学者认为花在网站上的时间（Oliver，1999）、重复访问（Kabadayi 和 Gupta，2005）、点击量（Kim 和 Malhotra，2005）、互动频率（Mărginean，2016）等均是衡量用户粘性的重要指标。还有学者对用户粘性的影响效果进行研究，例如，Lien 等（2017）的研究评估了用户满意度和粘性对使用意图的影响；Filieri 等（2017）的研究则表明，社交商务网站的系统质量也会影响用户粘性，而用户粘性最终会影响用户的购买意愿。用户粘性的影响因素研究则更为丰富，从内容生成用户视角来看，Chiang 和 Hsiao（2015）从需求、客户和环境的角度研究了 YouTube 的粘性，他们发现持续的动机和分享行为是 YouTube 粘性的重要前提；Zhang 等（2017）研究了客户参与企业社交网络对粘性的影响，得出结论，顾客参与对顾客粘性有直接的正向影响；Isa 等（2017）则研究了数字体验对第三方酒店网站粘性的影响，他们认为用户体验对网站粘性非常重要。从内容消费用户视角，Lu 和 Lee（2010）通过对博客的研究，认为博客质量、认知需求和社会影响是粘性的主要前因；Wang 等（2016）对团购网站的粘性意愿进行了评估，发现关系承诺、信任和满意度是粘性意愿的关键决定因素。

二、UGC 内容质量研究

UGC 内容质量的研究主要集中在质量影响因素、评价指标、影响效果和质量控制等方面。

（一）影响因素和评价指标

UGC 质量是一个以实体为中心的概念，需要以动态的方式去理解，因为

UGC 质量的好坏是在未知的时间、未知的环境下，由未知的受众解释的（Tilly 等，2017）。Nolte 等（2019）将 UGC 的质量理解为多个用户在其双重角色下的内容需求和供应之间的匹配，并进一步体现为不确定性。Chen 等（2011）将 UGC 质量评价指标确定为信息的及时性、专业性、丰富性和新颖性，并开发了 UGC 质量的测量量表。准确性和完整性是许多学者一直探索的影响 UGC 质量的关键因素（Nelson 等，2005；Lukyanenko 等，2014），除此之外，还有学者关注 UGC 质量的多样性（Ogunseye 和 Parsons，2018），UGC 的多样性能够促进新发现的产生，进而为内容消费者提供更有效的帮助（Parsons 和 Wand，2014）。Chai 等（2010）从信息本身的角度指出，UGC 质量评价标准包括用户反馈、数据、客观性、相关性等指标。有学者还通过维基百科、博客、UGC 视频等评价对象来研究 UGC 质量（Stvilia 等，2005；李墨珺，2008；赵宇翔和朱庆华，2010）。最近还有研究考察了激励如何影响众包在提交数量和质量方面的参与。Liu 等（2014）在随机现场实验中考察了激励大小效应，发现虽然激励规模提高了提交的数量和质量，但整体提交的质量有时会受到负面影响。不断增长的 UGC 数量也会导致与使用相冲突的不相关信息过载情况，从而降低了 UGC 的质量。

（二）影响效果

UGC 的质量是维持用户粘性并增加新用户的重要影响因素（Goes 等，2016；Liu 和 Park，2015）。UGC 的一种主要形式是评论，对于评论质量影响的研究得到了学者们的广泛关注。有研究探索了积极的评论对旅游网站预订数量的影响（Ye 等，2011）；Lee Sungwook 等（2014）分析了 UGC 质量对新成员内容分享意图的影响；汪旭辉和张其林（2015）通过线上线下商店信任的中介效应研究了 UGC 质量对多渠道零售商品牌权益的影响，同时还探讨了其对在线零售品牌社群承诺的影响；Tang 等（2014）构建了混合型和冷漠型的 UGC 质量模型，并探索了不同质量类型的内容对销售量的影响。在 UGC 行业的商业模式中，UGC 的质量能够吸引并留住用户，从而进一步创造和消费 UGC，扩大平台的网络外部效应（Liu 和 Feng，2015；Zeng 和 Wei，2013）。此外，与评论质量相关的因素还是影响评论帮助度和可信度的主要因素（Cheung 和 Thadani，2012；Hong 等，2017）。

（三）质量控制

张敏和王丹（2014）通过对微格式 UGC 的聚合组织研究，探索了 UGC 内容质量的控制方案。只有根据用户需求的不同适应性对 UGC 质量进行管理时，才能满足质量控制的需求（Woodall，2017）。Fang 和 Liu（2018）通过对在线旅行社——驴妈妈的调研，探索了金钱的激励对用户产生高质量内容的影响及其长期表现。金燕在 2017 年提出了以情绪分析为判断基准的用户生成内容质量控制模型，随后又在 2019 年使用孤立森林算法，通过对内容生成用户的行为识别探索其生成的内容质量属性，进而构建了预判其质量的模型（金燕，2017；金燕和孙佳佳，2019）。Anderka 等（2012）以在线百科全书 Wikipedia 为样本，提出了采用机器方法对内容质量缺陷进行预测并进一步实现控制的方法。对内容质量的控制也会反过来对内容生成者产生一定的影响，阻碍他们获得理想的内容消费用户（Annabi 等，2012；Huang 等，2010；Mansour 等，2011；Nolte 等，2017；Turban 等，2011）。

三、UGC 治理的研究现状

UGC 治理是规范个人参与社区、增加互动数量和质量、防止滥用的机制（Grimmelmann 等，2015）。鉴于在线参与者的快速增长和内容的日益多样化，维护 UGC 行业安全稳定运营是 UGC 参与主体面临的主要挑战。

（一）UGC 内容治理

与专业生成内容（PGC）视频相比，视频制作和分享的低门槛使 UGC 内容极为多样化。随着移动互联网和人工智能技术的发展，平台有越来越多的方式和能力构建内容特效，增强用户体验，从而增加了质量评估的难度（Li 等，2020）。高质量视频需求的指数级增长在实践中面临着巨大的挑战，现有研究主要从两个方面对 UGC 内容治理展开讨论。

1. 优质内容激励

优质内容激励与激励用户参与有所不同，UGC 经常面临缺乏高质量内容的问题，这一问题迫使许多平台面临关闭风险。持续获取高质量的 UGC 贡献对于

UGC 行业特别是平台企业的生存和成功至关重要（Gupta，2020）。UGC 平台是一个“允许用户在线贡献、评估和消费内容”的系统（Levina 和 Arriaga，2014），它连接了两种行为，即生成内容（如视频制作或文章写作）和消费内容（如观看或阅读）（Ahn 等，2016）。一个 UGC 平台会有多种方式来评价内容质量，其中最常见的是浏览量和下载量、用户的追随者数量以及内容的正面评价和评论（Dellarocas，2010；Levina 和 Arriaga，2014），这些方式使平台需要从内容生成和消费两方面吸引有能力的用户，鼓励和激励他们参与内容制作或持续消费内容。Sun 和 Zhu（2013）发现，博客的创作者受到了广告收入分享计划的积极激励，然而其他研究表明，金钱奖励对贡献频率具有异质性影响，并受到社会联系的调节（Sun 等，2017）。激励对 UGC 贡献的影响可能会受到情境、参与者特征和激励性质的调节。我国网络内容的治理是在既有国情下对“安全”与“发展”进行的权衡和定位，随着国家实力的不断增强，网络内容治理的价值向度从“安全为大”逐渐调整为“发展优先”。何明升（2018）从负面清单的角度探讨了 UGC 优质内容生成的激励与促进，王烽权和江积海（2021）则从价值创造的视角对 UGC 内容要素的内涵特征及其实现过程进行了分析。

2. 内容审核研究

对于 UGC 内容治理的另一个重要的研究方向是关于内容审核方面的相关讨论。内容审核是政治学、传播学和经济学中备受争议的话题，许多讨论涉及言论自由、审查制度以及内容审核的优缺点（Gillespie，2018；Myers，2018；Gorwa 等，2020）。Madio 和 Quinn（2020）研究了内容审核作为一种工具来吸引对内容敏感的广告商，并作为一种方式来管理其广告价格。吴璟薇和郝洁（2021）则从媒介网络、平台和多主体关系视角探讨了智能媒介技术在网络内容审核中的作用。Liu 等（2021）通过建立理论模型来研究社会媒体平台对用户生成内容审核的经济激励，从理论上探索了在内容审核中使用 AI 算法的战略含义以及平台完善其技术的动机。还有学者从内容质量评估的角度研究在技术层面提升内容审核水平，他们观察到了主观测试中的迟滞效应，并基于迟滞的时间池策略拓展了图像质量评估（IQA）指标（Wang 等，2004a），随后 Wang 等（2004b）进一步设计了基于结构特征的视频质量度量，而 Lu 等（2019）则通过时空 3D 梯度差分描述了视频质量的退化。

（二）UGC 参与主体的交互关系

UGC 参与主体包括平台、双边用户及其所产生的网络效应，在参与者之间的互动中出现的直接和间接的网络效应对行业运营起着至关重要的作用（De Reuver 等，2018），如何管理 UGC 平台，以吸引更多的参与个体从而扩大网络效应，是近年来学术界不断研究的课题。以往的研究明确了设计 UGC 平台对于扩大网络效应的重要性（Dellarocas，2010），通过构建 UGC 平台的治理机制，以平衡平台双边用户的不同利益（Darking 等，2008）。在 Facebook、Twitter 等在线社交媒体的平台多重角色背景下（Gillespie，2018），UGC 平台以及其他参与主体之间的简单交互关系得到了越来越多的关注。

除了平台与其他主体的关系研究，UGC 双边用户之间的关系也具有一定的特殊性和研究价值。在“拥挤”的网络内容市场上，丰富的图文、视频、音频等内容产品数量巨大，想确保一个内容有大量的受众并不是一件容易的事，这涉及了 UGC 内容生成用户与内容消费用户之间的关系梳理问题。Fargetta 和 Scrimali（2019）建立了一个由内容生成用户和内容消费用户组成的博弈论模型，内容生成用户在 UGC 平台上凭借其内容的传播来参与，以获取更多的流量资源；UGC 平台试图通过确定其内容产品的最佳视图和质量水平来实现利润最大化；而内容消费用户通过观看的数量和平均质量水平等反馈功能反映他们的偏好。Cha 等（2007，2009）通过建立内容流行信息技术的早期预测模型探索了 UGC 参与主体交互关系，随后 Altman 等（2016）将内容生成用户之间的行为建模为一个动态博弈以此进行更深入的探讨。

（三）UGC 匹配问题研究

现有关于 UGC 匹配的研究，主要探讨的是平台将内容匹配给内容消费用户方向，即内容单项分发的相关研究。学者们的研究主要聚焦在基于算法推荐下的内容分发模式及其相关影响。许向东和王怡溪（2020）从新闻传播学视角探讨了人工智能时代算法推荐技术下的内容分发模式所导致的信息茧房、算法偏见等问题，并提出了相应的规范与约束。贾开（2019）则从公共管理角度阐述了智能算法推荐带来的新治理风险与挑战，并据此探讨了公共政策的创新之路。除了对算法推荐存在的问题及其治理的分析，学者们也从正面探索了内容分发优化的路径，例如，王晓耘等（2018）从社会化标注的用户兴趣出发提出了内容推荐的算法优化方案，提升了个性化推荐的准确性。关于内容分发和算法推荐的相关研究，国外学者也从不同角度进行了阐释，包括通过构建可视化模型拓展算法偏见出处以及解决方案的研究（Selena 和 Kenney，2019）、从受众角度探索内容分发算法的透明度问题及其相关责任（Kemper 和 Kolkman，2018），以及阐述算法在网络媒体中的作用并从中观和宏观角度讨论了算法推荐的局限性（Klinger 和 Svensson，2018），等等。从上述分析可以看出，现有的研究主要集中在内容消费端用户，而未考虑内容生成端的用户。

（四）UGC 参与主体的机会主义问题

UGC 参与主体中存在的“搭便车”问题一直以来都受到管理学界的关注（Dellarocas，2003；Hashim 和 Bockstedt，2019；Gallus，2017；Burtch 等，2018），但大多数研究主要还是从激励 UGC 内容生成用户提升其参与度的角度讨论的，是基于内容消费用户不生产内容只是纯粹享受内容生成用户劳动成果的“搭便车”问题。

UGC 内容生成用户的参与动机可能会受到各方面有形激励的刺激，也可能是内在的，如用户的利他主义（Clary 等，1998）。然而就像其他公共产品一样，用户原创的内容也存在“搭便车”的问题。尽管受益的人很多，但为平台提供内容支持的工作却落在了少数用户的身上，只有一小部分用户投入精力创建用户原创内容，而绝大多数用户则免费访问用户原创内容。定期创建 UGC 的单调性和所投入的努力阻碍了用户参与的积极性，并“鼓励”了内容消费用户的“搭便车”行为（Kraut 和 Resnick，2012）。Gupta（2020）通过对 Quora 等 UGC 平台的研究发现，内容生成用户参与内容创作和生产的行为属于成本密集型，而内容消费用户却可以通过免费搭乘前者的努力而获得利益，平台管理者必须权衡为内容生成用户提供激励的利弊。

现有关于 UGC 参与主体的问题研究主要是从 UGC 平台激励内容生成用户参与的角度去探讨的，由于忽视了内容消费用户能够为平台贡献流量的关键因素，是较为片面甚至并非“搭便车”问题，而真正在 UGC 内容生成端部分用户“搭乘”其他用户生成的优质内容“便车”的问题却鲜有学者关注。

第三节　平台在治理中作用的相关研究

一、平台与平台治理

根据 OECD 的定义，平台是“促进两个或两个以上不同但相互依赖的用户（无论是公司还是个人）通过互联网服务进行交互的数字服务”。平台以软件信息系统为基础，平台治理和平台架构的内部契合是治理的目标。平台治理要解决的是新的企业竞争、向技术中介转变所带来的对公司边界的影响、组织架构作为协同机制载体所扮演的新角色以及如何在可控范围内实现自治等问题（Tiwana 等，2010）。平台治理结构的建立是为了管理冲突、达成共识，并将危险降到最低（Brousseau 和 Penard，2007）。De Reuver 和 Bouwman（2011）认为，平台治理不仅是一种结构，而且是“组织集体行动的力量和过程”，把治理称为“用来保障、协调和适应资源交换的机制”。Ghazawneh 和 Henfridsson（2010）指出，平台治理是“通过平台的共同资源，引导、控制、协调第三方开发者”。Tiwana 等（2010）则将平台治理确定为一个规范，是“谁对平台做出什么决策”的概念。Grimmelmann（2015）指出，健全的社区调节和管理系统是有效的“治理机制”，旨在“促进合作和防止滥用”。数字媒体学者认为，内容政策、服务条款、算法、接口和其他社会技术机制构成了当今在线基础设施的治理机制（Plantin 等，2018）。

比较这些定义可知，平台治理是一个多维的概念，它首先控制平台中的决策过程（Tiwana 等，2010）；其次，平台治理是指平台所有者用于实现其目标的结构、权力、过程和控制机制；最后，治理必须动态地管理和实施，以灵活应对生态系统中不断变化的条件（Busquets，2010；Rudmark 和 Ghazawneh，2011）。平台治理包括作为平台治理子集的控制概念，控制是平台治理的关键因素。平台的价值取决于它的外部性（Basole 和 Karla，2011；Haaker 等，2006）。

国内外对于平台治理的研究目前主要基于三个视角：一是基于平台特定行

为的治理，如对“刷单”行为（彭正银等，2021；方兴林，2018）、垄断行为（冯然，2017；朱战威，2016）等的治理研究；二是基于转化的视角，从平台组织内部关系（Sambamurthy 和 Zmud，1999）或组织间动态关系（Klein 和 Rai，2009；Rai 和 Tang，2010；项晓娟，2015；魏云暖，2016）转向系统性平台生态治理，如平台治理策略（彭本红和武柏宇，2016）、平台企业治理机制（申尊焕和龙建成，2017）；三是侧重于对网络效应或多边市场创造价值（Katz 和 Shapiro，1986；Schilling，2002；Eisenmann 等，2006；Rochet 和 Tirole，2003；Armstrong，2006），以及网络平台的商业模式创新和价值体系（戚聿东和李颖，2018；朱芳芳，2018；王海杰和宋姗姗，2019）、平台型企业社会责任（肖红军和李平，2019）的研究。

二、平台与其他参与主体的关系

Poell 等（2018）指出，参与平台治理的关键主体不仅包括行为平台公司，同时还包括了平台互补者（包括数据代理主体、广告商、开发人员和其他参与平台生态系统的各方主体）、政治角色（包括政府各部门的其他利益相关者）、倡导组织（包括非政府组织或行业团体、学者和研究人员）以及媒体（他们的职责主要为审查平台公司的做法）。平台系统中包括骨干企业和利基企业两种角色：其中骨干企业（相当于平台运营商）以服务、技术、工具的形式提供平台，利基企业（相当于供方用户）借助平台向消费者（相当于需方用户）提供各种专门化的服务（Marco 和 Roy，2004）。在平台上，两种或多种主体构成了集合，它们通过一个交互界面协同工作创造和分配价值（Katz 和 Shapiro，1994）。

平台的治理不仅仅是一种能力，更是一个跨越不同行为体和行为的特定且复杂的互动网络。数字媒体研究中的平台研究和博弈研究传统（Bogost 和 Montfort，2007；Bogost 和 Montfort，2009；Jones 和 Thiruvathukal，2012）则主要从结构的角度来看待平台（Weltevrede 和 Borra，2016）。从数字媒体中的平台研究中看到，内容型平台，特别是用户之间参与的内容型平台，其参与主体结构更加侧重平台的使用者和其他直接利用相关者。平台的使用者都应该参与到平台治理中（Gillespie，2018），但这些治理机制是由平台公司的政策法规约束所形成，由平台制定其运营规则、签订合同契约以及规定双边用户的责任，以减少用户之间的道德风险与机会主义行为（汪旭晖和张其林，2017a）。各方主体在网络内容治理中应当进行明确的角色分配，政府制定负面清单，互联网内容服务商（ICP）生产网络信息产品，同时对网络信息质量负主要责任。互联网服务提供商（ISP）是传播通道的提供者，在网络社会扮演着“通道”角色，作为补充同样对网络信息质量负重要责任（何明升，2018）。因此，平台治理的关键参与者不仅包括用户和平台公司（Pasquale，2016），数据代理、广告商、开发人员等主体也会作为“补充者”发挥效用。

三、平台在不同治理类型中的作用

平台治理处理的是谁对平台做出哪些决策的问题，包括三个不同的视角：决策权划分、控制、专有和共享所有权（Tiwana 等，2010）。其中最大的挑战在于平台所有者在保持对平台控制权的同时，又要给予平台开发者足够的力量去推动创新和进步，这也被称为平台治理的控制悖论。为了解决这一悖论，学者们从多个角度进行了研究，如激励管理（Gol 等，2019）、数据质量和安全（Nokkala 等，2019）、定价（Lin 等，2011）、控制机制（Goldbach 和 Kemper，2014；Levina 等，2019），以及决策权的分配（Weill 和 Ross，2004；Schreieck 等，2016a）等。最终平台该如何去治理成为平台治理的关键问题，也因此产生了多种平台治理的类型。

（一）集中式治理

集中式治理类型是指，所有的权力都由一个权威机构掌握（Ghazawneh 和 Henfridsson，2010；Benlian 等；2015；Schreieck 等，2016b）。在完全集中的治理结构中，平台所有者享有独占的治理控制权，允许他们“塑造”治理过程和结果（Boudreau，2010；Rietveld 等，2019）。然而将治理权力集中于平台所有者，可能会使平台参与者（如第三方开发人员和最终用户）处于不利地位并疏远他们，因为平台所有者可以优先考虑自己的利益而不是利益相关者的利益（Arrieta-Ibarra 等，2018；Posner 和 Weyl，2018）。

（二）平台自我治理

平台自我治理强调组织作为一个单一实体的自治，在这种治理模式中，大多数平台的决策都是在最小的外部监督下做出的，透明度是一个十分重要的指标（Suzor，2019）。这些自我监管方面的改进明显包括技术或工具变革、提高透明度，以及两者以某种方式结合（Gorwa 和 Garton Ash，2020）。2018 年 4 月，Facebook 迈出了重要的一步，发布了面向公众的内部社区标准指导方针，这些规则管理着逾 22 亿月度活跃用户在网站上发布的内容。此外，Facebook 还启动了与学术界的合作项目，希望为第三方数据访问和独立研究创建一个信誉良好的机制（King 和 Persily，2018）。通过调查新闻、学术参与和公众倡导，企业可以在不需要复杂的监管干预的情况下，朝着正确的方向前行，这些微小的变化几乎不会引发系统性的变化或修改平台业务模式（Fuchs，2012；Zuboff，2015）。

（三）去中心化治理

在这种治理模式中，与平台交互的每个人都是平台的成员（Lee 等，2018a）。平台治理研究的重点是构建决策权和控制权，以确保有效的价值创造和公平的价值分配（Tiwana 等，2010），其中的一个关键方面是去中心化的程度（Bresnahan 和 Greenstein，2014；Sambamurthy 和 Zmud，1999；Xue 等，2011），指的是平台所有者和平台参与者之间共享治理权利和控制的程度（Bardhan，2002；Faguet，2014；Walch，2019）。通过与平台参与者分享治理控制，平台所有者更有可能致力于追求整体福利而非自身利益，从而减轻人们对数字平台中权力失衡的担忧。在这种模式中，治理仅由代码所定义（Wright 和 De Filippi，2015），所有治理规则、决策权甚至控制实体都编码在智能合约中，并在区块链上进行维护（Glaser 等，2019）。在完全去中心化的治理结构中，平台参与者集体享有完全的治理控制权，允许他们通过平台治理来代表他们的观点和使用他们的本地信息（Ostrom，1990）。适度的分权更有可能实现激励的兼容性，提高信息效率，并帮助确保理想的治理结果。

第四节　文献评析

通过上述对自主治理理论、博弈理论、双边匹配理论等相关研究理论的回顾，以及 UGC 及其治理、平台在治理中的作用等研究的梳理，能够看出学者们对相关理论和研究的拓展应用形成了十分丰富的成果，也为本书的研究提供了扎实的研究基础；同时，也看到了一些问题仍有进一步完善和深入探索的空间。

首先是 UGC 及其治理的相关研究。第一，现有 UGC 的相关研究主要是从 UGC 用户（用户分类、行为、动机、参与度、满意度等）和 UGC 内容（内容质量评价、应用因素、控制体系等）两个大的方面各自展开，研究相对孤立，较少涉及所有参与主体融合并与 UGC 治理产生有机联系的研究，特别对于参与主体中的重要节点——UGC 平台的关键性作用更是鲜有探讨；第二，对于 UGC 内容质量问题的治理研究，目前主要从激励、审核角度出发，却忽视了 UGC 分发阶段内容生成用户的感知满意度对 UGC 治理有效性的影响，将 UGC 内容治理的研究拓展至 UGC 信息链的全阶段尚有一定探索的空间；第三，现有 UGC 治理的研究多数仅涉及各参与主体的分散性，限于对治理的价值意义和架构层面的探讨，较少涉及治理模型的理论构建和实践检验，因此探索 UGC 参与主体的治理模型并进行实证检验具有一定的研究价值。

其次是平台在治理中的作用相关研究。第一，现有的平台治理研究仍主要基于传统的网络平台形态和商业模式展开，而社交网络、UGC、知识付费等新型双边关系和商业模式创新领域，在大数据和核心算法的赋能下成为平台治理研究的新方向；第二，平台治理参与主体的界定较为宽泛，对核心参与主体的治理作用和交互关系有待进一步深入的探索；第三，去中心化的平台治理类型提出了平台参与主体的治理权利，但尚无清晰的执行路径，主体间如何形成有效的自主组织并开展治理为未来研究提供了新的方向。

最后是自主治理理论的应用方面。现有研究证明埃莉诺·奥斯特罗姆的自主治理理论对于克服公共物品供给中的“搭便车”问题提出了深具启发性的思路和方法，在解决集体行动困境的应用方面取得了卓越的成效。但其理论思想的局限性也应当引起学者们的重视和思考，探索自主治理理论适用范围的拓展以及自主治理过程中关键角色的定位等问题，具有一定的意义和价值。

本章参考文献

[1] [美] 埃莉诺·奥斯特罗姆. 公共事物的治理之道：集体行动制度的演进 [M]. 余逊达，陈旭东，译. 上海：上海译文出版社，2012.

[2] Ostrom E. Governing the Commons：The Evolution of Institutions for Collective Action [M]. Cambridge：Cambridge University Press，1990.

[3] Ostrom E，Gardner R，Walker J，et al. Rules，Games，and Common-pool Resources [M]. University of Michigan Press，1994.

[4] [古希腊] 亚里士多德. 政治学 [M]. 吴寿彭，译. 北京：商务印书馆，1965：48.

[5] [法] 卢梭. 论人类不平等的起源和基础 [M]. 李常山，译. 北京：商务印书馆，1962：115.

[6] 吕不韦. 吕氏春秋 [M]. 刘生良，评注. 北京：商务印书馆，2015：481.

[7] [美] 斯蒂格利茨. 经济学（第二版）[M]. 梁小民，黄险峰，译. 北京：中国人民大学出版社，2000：147.

[8] [英] 韦农·波格丹诺. 布莱克维尔政治制度百科全书（新修订版）[M]. 邓正来，等译. 北京：中国政法大学出版社，2011：121.

[9] LeBon G. The Crowd [M]. London，New York：Routledge，2017.

[10] Robert E. Park，Ernest W. Burgess. Introduction to the Science of Sociology [M]. Chicago：University of Chicago Press，1921.

[11] Bentley A F. The Process of Government：A Study of Social Pressures [M]. Principia Press of Illinois，1908.

[12] [美] 格林斯坦，波尔斯比. 政治学手册精选（上卷）[M]. 竺乾威，等译. 北京：商务印书馆，1996：375-399.

[13] Olson M. Logic of Collective Action: Public Goods and the Theory of Groups (Harvard Economic Studies V. 124) [M]. Harvard University Press, 1965.

[14] [美] 曼瑟尔·奥尔森. 集体行动的逻辑 [M]. 陈郁, 郭宇峰, 等译. 上海: 格致出版社, 上海三联书店, 上海人民出版社, 2014.

[15] Hardin G. The Tragedy of the Commons [J]. Science, 1968, 162 (3859): 1243-1248.

[16] Coase R. The Nature of thc Firm [J]. Economica, 1937, 4: 386-405.

[17] Coase R H. The Problem of Social Cost [M] //Classic Papers in Natural Resource Economics. London: Palgrave Macmillan, 1960: 87-137.

[18] Williamson O E. Markets and Hierarchies: Analysis and Antitrust Implications: A Study in the Economics of Internal Organization [J]. Accounting Review, 1976, 86 (343): 619-621.

[19] Williamson O E. The Economic Institutions of Capitalism: Firms, Markets, Relational Contracting [M] //Das Summa Summarum des Management. Gabler, 2007: 61-75.

[20] Alchian A A, Demsetz H. Production, Information Costs, and Economic Organization [J]. The American Economic Review, 1972, 62 (5): 777-795.

[21] Demsetz H, Lehn K. The Structure of Corporate Ownership: Causes and Consequences [J]. Journal of Political Economy, 1985, 93 (6): 1155-1177.

[22] Demsetz H. The Theory of the Firm Revisisted [J]. JL Econ. & Org., 1988, 4: 141.

[23] Jensen M C, Meckling W H. Theory of the Firm: Managerial Behavior, Agency Costs and Ownership Structure [J]. Journal of Financial Economics, 1976, 3 (4): 305-360.

[24] Grossman S J, Hart O D. The Costs and Benefits of Ownership: A Theory of Vertical and Lateral Integration [J]. Journal of Political Economy, 1986, 94 (4): 691-719.

[25] Hart O, Moore J. On the Design of Hierarchies: Coordination Versus Specialization [J]. Journal of Political Economy, 2005, 113 (4): 675-702.

[26] Samuelson P A. The Pure Theory of Public Expenditure [J]. The Review

of Economics and Statistics, 1954, 36 (4): 387-389.

[27] Ophuls W. Leviathan or Oblivion [J]. Toward a Steady State Economy, 1973, 214: 219.

[28] Hardin G. Political Requirements for Preserving Our Common Heritage [J]. Wildlife and America, 1978, 31 (1017): 310-317.

[29] Carruthers I D, Stoner R. Economic Aspects and Policy Issues in Ground-water Development [M]. Washington, DC: World Bank Staff Working Paper No. 496, 1981.

[30] Heilbroner R L. An Inquiry into the Human Prospect: Looked at again for the 1990s [M]. W. W. Norton & Company, 1991.

[31] [美] 埃莉诺·奥斯特罗姆. 公共资源的未来: 超越市场失灵和政府管制 [M]. 郭冠清, 译. 北京: 中国人民大学出版社, 2015.

[32] Ostrom E. Polycentric Systems for Coping with Collective Action and Global Environmental Change [J]. Global Environmental Change, 2010, 20 (4): 550-557.

[33] Vincent Ostrom, Elinor Ostrom. Public Goods and Public Choices [M] // Emanuel S. Savas. Alternatives for Delivering Public Services: Toward Improved Performance. Boulder, Colorado: Westview Press, 1977: 7-49.

[34] Musgrave R A. The Voluntary Exchange Theory of Public Economy [J]. The Quarterly Journal of Economics, 1939, 53 (2): 213-237.

[35] Buchanan J M. An Economic Theory of Clubs [J]. Economica, 1965, 32 (125): 1-14.

[36] 任恒. 埃莉诺·奥斯特罗姆自主治理思想研究 [D]. 吉林大学, 2019.

[37] Ostrom E. A Diagnostic Approach for Going beyond Panaceas [J]. Proceedings of the National Academy of Sciences, 2007, 104 (39): 15181-15187.

[38] Ostrom E. A General Framework for Analyzing Sustainability of Social-ecological Systems [J]. Science, 2009, 325 (5939): 419-422.

[39] 王亚华. 诊断社会生态系统的复杂性: 理解中国古代的灌溉自主治理 [J]. 清华大学学报 (哲学社会科学版), 2018 (2): 179.

[40] Kumar S. Does "Participation" in Common Pool Resource Management

Help the Poor? A Social Cost-benefit Analysis of Joint Forest Management in Jharkhand, India [J]. World Development, 2002, 30 (5): 763-782.

[41] Bauwens T, Gotchev B, Holstenkamp L. What Drives the Development of Community Energy in Europe? The Case of Wind Power Cooperatives [J]. Energy Research & Social Science, 2016, 13: 136-147.

[42] Agrawal A, Bauer J. Environmentality: Technologies of Government and the Making of Subjects [J]. Ethics and International Affairs, 2005, 19 (3).

[43] Gutiérrez N L, Hilborn R, Defeo O. Leadership, Social Capital and Incentives Promote Successful Fisheries [J]. Nature, 2011, 470 (7334): 386-389.

[44] Barnett A J, Anderies J M. Weak Feedbacks, Governance Mismatches, and the Robustness of Social-ecological Systems: An Analysis of the Southwest Nova Scotia Lobster Fishery with Comparison to Maine [J]. Ecology and Society, 2014, 19 (4).

[45] 王羊，刘金龙，冯喆，等. 公共池塘资源可持续管理的理论框架 [J]. 自然资源学报，2012，27（10）：1797-1807.

[46] 杨立华. 构建多元协作性社区治理机制解决集体行动困境——一个“产品-制度”分析（PIA）框架 [J]. 公共管理学报，2007（2）：6-15+17-23+121-122.

[47] 高轩，神克洋. 埃莉诺·奥斯特罗姆自主治理理论述评 [J]. 中国矿业大学学报（社会科学版），2009，11（2）：74-79.

[48] 匡小平，肖建华. 埃莉诺·奥斯特罗姆公共治理思想评析 [J]. 当代财经，2009（11）：32-35.

[49] 朱广忠. 埃莉诺·奥斯特罗姆自主治理理论的重新解读 [J]. 当代世界与社会主义，2014（6）：132-136.

[50] Raudla R. Governing Budgetary Commons: What Can We Learn from Elinor Ostrom? [J]. European Journal of Law and Economics, 2010, 30 (3): 201-221.

[51] Lacroix K, Richards G. An Alternative Policy Evaluation of the British Columbia Carbon Tax: Broadening the Application of Elinor Ostrom's Design Principles for Managing Common-pool Resources [J]. Ecology and Society, 2015, 20 (2).

[52] Hudon M, Meyer C. A Case Study of Micro-finance and Community De-

velopment Banks in Brazil：Private or Common Goods? ［J］. Nonprofit and Voluntary Sector Quarterly，2016，45（4 suppl）：116S-133S.

［53］李维安，徐建，姜广省. 绿色治理准则：实现人与自然的包容性发展［J］. 南开管理评论，2017，20（5）：23-28.

［54］孙新华，周佩萱，曾凡木. 土地细碎化的自主治理机制——基于山东省 W 县的案例研究［J］. 农业经济问题，2020（9）：122-131.

［55］李颖明，宋建新，黄宝荣，王海燕. 农村环境自主治理模式的研究路径分析［J］. 中国人口·资源与环境，2011，21（1）：165-170.

［56］雷玉琼，朱寅茸. 中国农村环境的自主治理路径研究——以湖南省浏阳市金塘村为例［J］. 学术论坛，2010，33（8）：130-133.

［57］鲍文涵. 南极资源治理与中国参与［D］. 武汉大学，2016.

［58］房亚明. "全过程民主"视域下城市社区自主治理的机制建构［J］. 湖北社会科学，2020（2）：31-39.

［59］Frey E. Evolutionary Game Theory：Theoretical Concepts and Applications to Microbial Communities［J］. Physica A：Statistical Mechanics and its Applications，2010，389（20）：4265-4298.

［60］Osborne M J. An Introduction to Game Theory［M］. New York：Oxford University Press，2004.

［61］Smith J M，Price G R. The Logic of Animal Conflict［J］. Nature，1973，246（5427）：15-18.

［62］Smith J M. Evolution and the Theory of Games［M］. Cambridge University Press，1982.

［63］Tanimoto J. Fundamentals of Evolutionary Game Theory and its Applications［M］. Springer Japan，2015.

［64］李登峰. 微分对策及其应用［M］. 北京：国防工业出版社，2000.

［65］Young H P，Zamir S. Handbook of Game Theory with Economic Applications［M］. Amsterdam：Elsevier，1992.

［66］Isaacs R. Differential Garnes［M］. New York：Wiley，1965.

［67］Case J H. Toward a Theory of Many Player Differential Games［J］. SIAM Journal on Control，1969，7（2）：179-197.

[68] Starr A W, Ho Y C. Nonzero-sum Differential Games [J]. Journal of Optimization Theory and Applications, 1969, 3 (3): 184-206.

[69] Bellman R. A Markovian Decision Process [J]. Journal of Mathematics and Mechanics, 1957, 6 (5): 679-684.

[70] Ostrom E. A Long Polycentric Journey [J]. Annual Review of Political Science, 2010, 13: 1-23.

[71] [美] 埃莉诺·奥斯特罗姆，罗伊·加德纳，詹姆斯·沃克，等. 规则、博弈与公共池塘资源 [M]. 王巧玲，任睿，译. 西安：陕西人民出版社，2011.

[72] Gale D, Shapley L S. College Admissions and the Stability of Marriage [J]. American Mathematical Monthly, 1962, 69 (1): 9-15.

[73] Roth A E, Sotomayor M. Two-sided Matching [J]. Handbook of Game Theory with Economic Applications, 1992, 1: 485-541.

[74] Roth A E. Common and Conflicting Interests in Two-sided Matching Markets [J]. European Economic Review, 1985, 27 (1): 75-96.

[75] Roth A E. On the Allocation of Residents to Rural Hospitals: A General Property of Two-sided Matching Markets [J]. Econometrica, 1986, 54: 425-428.

[76] Roth A E. New Physicians: A Natural Experiment in Market Organization [J]. Science, 1990, 250 (4987): 1524-1528.

[77] Roth A E., Vande V J H. Incentives in Two-Sided Matching with Random Stable Mechanisms [J]. Economic Theory, 1991 (1): 31-44.

[78] Manlove D F, O'Malley G, Prosser P, et al. A Constraint Programming Approach to the Hospitals/Residents Problem [C] //International Conference on Integration of Artificial Intelligence (AI) and Operations Research (OR) Techniques in Constraint Programming. Springer, Berlin, Heidelberg, 2007: 155-170.

[79] Eirinakis P, Magos D, Mourtos I, et al. Finding all Stable Pairs and Solutions to the Many-to-many Stable Matching Problem [J]. Informs Journal on Computing, 2012, 24 (2): 245-259.

[80] 梁海明，姜艳萍. 二手房组合交易匹配决策方法 [J]. 系统工程理论与实践，2015，35 (2): 358-367.

[81] Yang Y, Shen B, Gao W, et al. A Surgical Scheduling Method Considering Surgeons' Preferences [J]. Journal of Combinatorial Optimization, 2015, 30 (4): 1016-1026.

[82] 乐琦，樊治平. 基于不完全序值信息的双边匹配决策方法 [J]. 管理科学学报, 2015, 18 (2): 23-35.

[83] Klaus B, Klijn F. Fair and Efficient Student Placement with Couples [J]. International Journal of Game Theory, 2007, 36 (2): 177-207.

[84] Liu X, Ma H. A Two-sided Matching Decision Model Based on Uncertain Preference Sequences [J]. Mathematical Problems in Engineering, 2015.

[85] Chen J, Song K. Two-sided Matching in the Loan Market [J]. International Journal of Industrial Organization, 2013 (31): 145-152.

[86] 阮拥英. 基于双边匹配理论的创投机构与创业企业投融资匹配研究 [D]. 重庆大学, 2016.

[87] 邓旭，朱立东. 多用户场景下卫星网络匹配博弈资源分配策略 [J]. 无线电通信技术, 2019, 45 (6): 615-621.

[88] Sarne D, Kraus S. Managing Parallel Inquiries in Agents' Two-sided Search [J]. Artificial Intelligence, 2008, 172 (4-5): 541-569.

[89] 樊治平，陈希. 电子中介中基于公理设计的多属性交易匹配研究 [J]. 管理科学, 2009, 22 (3): 83-88.

[90] 吴凤平，朱玮，程铁军. 互联网金融背景下风险投资双边匹配选择问题研究 [J]. 科技进步与对策, 2016, 33 (4): 25-30.

[91] 贾兴洪，海峰，董瑞. 车货匹配双边平台单归属用户比率提升控制设计 [J]. 计算机集成制造系统, 2017, 23 (4): 903-912.

[92] 陈希，王娟. 智能平台下考虑主体心理行为的医疗服务供需匹配方法 [J]. 运筹与管理, 2018, 27 (10): 125-132.

[93] 马瑞民，姚立飞. 基于双边理论的顺风车稳定匹配优化 [J]. 公路交通科技, 2021, 38 (4): 131-141.

[94] Tirunillai S, Tellis G J. Does Chatter Really Matter? Dynamics of User-generated Content and Stock Performance [J]. Marketing Science, 2012, 31 (2): 198-215.

[95] Tang T, Fang E, Wang F. Is Neutral Really Neutral? The Effects of Neutral User-generated Content on Product Sales [J]. Journal of Marketing, 2014, 78 (4): 41-58.

[96] Toubia O, Stephen A T. Intrinsic vs. Image-related Utility in Social Media: Why Do People Contribute Content to Twitter? [J]. Marketing Science, 2013, 32 (3): 368-392.

[97] Daugherty T, Eastin M S, Bright L. Exploring Consumer Motivations for Creating User-generated Content [J]. Journal of Interactive Advertising, 2008, 8 (2): 16-25.

[98] Sun Y, Dong X, McIntyre S. Motivation of User-generated Content: Social Connectedness Moderates the Effects of Monetary Rewards [J]. Marketing Science, 2017, 36 (3): 329-337.

[99] Iyer G, Katona Z. Competing for Attention in Social Communication Markets [J]. Management Science, 2016, 62 (8): 2304-2320.

[100] Ahn D Y, Duan J A, Mela C F. Managing User-generated Content: A Dynamic Rational Expectations Equilibrium Approach [J]. Marketing Science, 2016, 35 (2): 284-303.

[101] Bazarova N N, Choi Y H. Self-disclosure in Social Media: Extending the Functional Approach to Disclosure Motivations and Characteristics on Social Network Sites [J]. Journal of Communication, 2014, 64 (4): 635-657.

[102] Buechel E C, Berger J. Motivations for Consumer Engagement with Social Media [M] // Consumer Psychology in a Social Media World. London: Routledge, 2015: 31-50.

[103] Ghose A, Ipeirotis P G, Li B. Designing Ranking Systems for Hotels on Travel Search Engines by Mining User-generated and Crowdsourced Content [J]. Marketing Science, 2012, 31 (3): 493-520.

[104] Timoshenko A, Hauser J R. Identifying Customer Needs from User-generated Content [J]. Marketing Science, 2019, 38 (1): 1-20.

[105] Iyengar R, Van den Bulte C, Valente T W. Opinion Leadership and Social Contagion in New Product Diffusion [J]. Marketing Science, 2011, 30 (2):

195-212.

[106] Goh K Y, Heng C S, Lin Z. Social Media Brand Community and Consumer Behavior: Quantifying the Relative Impact of User-and Marketer-generated Content [J]. Information Systems Research, 2013, 24 (1): 88-107.

[107] Godes D, Mayzlin D. Using Online Conversations to Study Word-of-mouth Communication [J]. Marketing Science, 2004, 23 (4): 545-560.

[108] Yildirim P, Gal-Or E, Geylani T. User-generated Content and Bias in News Media [J]. Management Science, 2013, 59 (12): 2655-2666.

[109] Zhang K, Sarvary M. Differentiation with User-generated Content [J]. Management Science, 2015, 61 (4): 898-914.

[110] Zhang P, Galletta D F. Who Is the User? Individuals, Groups, Communities Gerardine DeSanctis [M] //Human-computer Interaction and Management Information Systems: Foundations. Routledge, 2015: 62-72.

[111] 赵宇翔，范哲，朱庆华. 用户生成内容（UGC）概念解析及研究进展 [J]. 中国图书馆学报，2012，38（5）：68-81.

[112] Vickery G, Wunsch-Vincent S. Participative Web and User-created Content: Web 2. 0 Wikis and Social Networking [M]. Organization for Economic Co-operation and Development (OECD), 2007.

[113] Dijck J. Users Like You? Theorizing Agency in User-Generated Content [J]. Media, Culture & Society, 2009, 31 (1): 41-58.

[114] Cavusoglu H, Li Z, Huang K W. Can Gamification Motivate Voluntary Contributions? The Case of Stack Overflow Q&A Community [C] //Proceedings of the 18th ACM Conference Companion on Computer Supported Cooperative Work & Social Computing, 2015: 171-174.

[115] Goes P B, Guo C, Lin M. Do Incentive Hierarchies Induce User Effort? Evidence from an Online Knowledge Exchange [J]. Information Systems Research, 2016, 27 (3): 497-516.

[116] Hamari J. Do Badges Increase User Activity? A Field Experiment on the Effects of Gamification [J]. Computers in Human Behavior, 2017, 71: 469-478.

[117] Liu X, Schuckert M, Law R. Utilitarianism and Knowledge Growth during

Status Seeking: Evidence from Text Mining of Online Reviews [J]. Tourism Management, 2018, 66: 38-46.

[118] Körpeoğlu E, Cho S H. Incentives in Contests with Heterogeneous Solvers [J]. Management Science, 2018, 64 (6): 2709-2715.

[119] Baek H, Ahn J H, Choi Y. Helpfulness of Online Consumer Reviews: Readers' Objectives and Review Cues [J]. International Journal of Electronic Commerce, 2012, 17 (2): 99-126.

[120] Fang B, Ye Q, Kucukusta D, et al. Analysis of the Perceived Value of Online Tourism Reviews: Influence of Readability and Reviewer Characteristics [J]. Tourism Management, 2016, 52: 498-506.

[121] Kwok L, Xie K L. Factors Contributing to the Helpfulness of Online Hotel Reviews: Does Manager Response Play a Role? [J]. International Journal of Contemporary Hospitality Management, 2016.

[122] Zhang Z, Zhang Z, Yang Y. The Power of Expert Identity: How Website-Recognized Expert Reviews Influence Travelers' Online Rating Behavior [J]. Tourism Management, 2016, 55: 15-24.

[123] Bellini C G P. Mastering Information Management [J]. Journal of Global Information Technology Management, 2009, 12 (4): 79-81.

[124] Zhang M, Guo L, Hu M, et al. Influence of Customer Engagement with Company Social Networks on Stickiness: Mediating Effect of Customer Value Creation [J]. International Journal of Information Management, 2017, 37 (3): 229-240.

[125] Zott C, Amit R, Donlevy J. Strategies for Value Creation in E-commerce: Best Practice in Europe [J]. European Management Journal, 2000, 18 (5): 463-475.

[126] Li D, Browne G J, Wetherbe J C. Why Do Internet Users Stick with a Specific Web Site? A Relationship Perspective [J]. International Journal of Electronic Commerce, 2006, 10 (4): 105-141.

[127] Lin H F. The Role of Online and Offline Features in Sustaining Virtual Communities: An Empirical Study [J]. Internet Research, 2007a.

[128] Lin J C C. Online Stickiness: Its Antecedents and Effect on Purchasing

Intention [J]. Behaviour & Information Technology, 2007b, 26 (6): 507-516.

[129] Oliver R L. Whence Consumer Loyalty? [J]. Journal of Marketing, 1999, 63 (4): 33-44.

[130] Kabadayi S, Gupta R. Website Loyalty: An Empirical Investigation of its Antecedents [J]. International Journal of Internet Marketing and Advertising, 2005 (2): 321-345.

[131] Kim S S, Malhotra N K. A Longitudinal Model of Continued is Use: An Integrative View of Four Mechanisms Underlying Postadoption Phenomena [J]. Management Science, 2005 (51): 741-755.

[132] Mărginean S S. Loyalty Programs: How to Measure Customer Loyalty? [J]. Revista Economia Contemporană, 2016, 1 (3): 128-136.

[133] Lien C H, Cao Y, Zhou X. Service Quality, Satisfaction, Stickiness, and Usage Intentions: An Exploratory Evaluation in the Context of WeChat Services [J]. Computers in Human Behavior, 2017, 68 (3): 403-410.

[134] Filieri R, Mcleay F, Tsui B. Antecedents of Travelers' Satisfaction and Purchase Intention from Social Commerce Websites [C] // Schegg R, Stangl B. Information and Communication Technologies in Tourism. Springer, Cham: 2017: 517-528.

[135] Chiang H S, Hsiao K L. YouTube Stickiness: The Needs, Personal, and Environmental Perspective [J]. Internet Research, 2015, 25 (1): 85-106.

[136] Isa N F, Rosli N A, Hakim F, et al. Impact of Web and Digital Experience on the Stickiness of Third Party Hotel Website [J]. Journal of Tourism, Hospitality & Culinary Arts, 2017, 9 (2): 399-410.

[137] Lu H P, Lee M R. Demographic Differences and the Antecedents of Blog Stickiness [J]. Online Information Review, 2010.

[138] Wang W T, Wang Y S, Liu E R. The Stickiness Intention of Group-buying Websites: The Integration of the Commitment-trust Theory and E-commerce Success Model [J]. Information & Management, 2016, 53 (5): 625-642.

[139] Tilly R, Posegga O, Fischbach K, et al. Towards a Conceptualization of Data and Information Quality in Social Information Systems [J]. Business & Informa-

tion Systems Engineering, 2017, 59 (1): 3-21.

[140] Nolte F, Guhr N, Breitner M H, et al. Enterprise Social Media Moderation and User Generated Content Quality: A Critical Discussion and New Insights [C] // European Conference on Information Systems (ECIS), 2019.

[141] Chen J, Xu H, Whinston A B. Moderated Online Communities and Quality of User-generated Content [J]. Journal of Management Information Systems, 2011, 28 (2): 237-268.

[142] Nelson R R, Todd P A, Wixom B H. Antecedents of Information and System Quality: An Empirical Examination within the Context of Data Warehousing [J]. Journal of Management Information Systems, 2005, 21 (4): 199-235.

[143] Lukyanenko R, Parsons J, Wiersma Y F. The IQ of the Crowd: Understanding and Improving Information Quality in Structured User-generated Content [J]. Information Systems Research, 2014, 25 (4): 669-689.

[144] Ogunseye S, Parsons J. Designing for Information Quality in the Era of Repurposable Crowdsourced User-generated Content [C] //International Conference on Advanced Information Systems Engineering. Springer, Cham, 2018: 180-185.

[145] Parsons J, Wand Y. A Foundation for Open Information Environments [C] //European Conference on Information Systems, 2014.

[146] Chai K, Potdar V, Dillon T. Content Quality Assessment Related Frameworks for Social Media [C] //International Conference on Computational Science and Its Applications. Springer, Berlin, Heidelberg, 2009: 791-805.

[147] Stvilia B, Twidale M B, Smith L C, et al. Assessing Information Quality of a Community-based Encyclopedia [J]. ICIQ, 2005, 5 (2005): 442-454.

[148] 李墨珺. 博客质量的评价及其对学术交流的影响 [J]. 情报资料工作, 2008 (2): 61-79.

[149] 赵宇翔, 朱庆华. Web2.0环境下用户生成视频内容质量测评框架研究 [J]. 图书馆杂志, 2010 (4): 51-57.

[150] Liu T X, Yang J, Adamic L A, et al. Crowdsourcing with All-pay Auctions: A Field Experiment on Taskcn [J]. Management Science, 2014, 60 (8): 2020-2037.

[151] Liu Z, Park S. What Makes a Useful Online Review? Implication for Travel Product Websites [J]. Tourism Management, 2015, 47: 140-151.

[152] Ye Q, Law R, Gu B, et al. The Influence of User-generated Content on Traveler Behavior: An Empirical Investigation on the Effects of E-word-of-mouth to Hotel Online Bookings [J]. Computers in Human Behavior, 2011, 27 (2): 634-639.

[153] Lee Sungwook, Park Do-Hyung, Ingoo Han. New Members' Online Socialization in Online Communities: The Effects of Content Quality and Feedback on New Members' Content-sharing Intentions [J]. Computers in Human Behavior, 2014 (30): 344-354.

[154] 汪旭晖，张其林. 用户生成内容质量对多渠道零售商品牌权益的影响 [J]. 管理科学，2015，28 (4): 71-85.

[155] Liu Y, Feng J. Can Monetary Incentives Increase UGC Contribution?: The Motivation and Competition Crowding Out [C] // International Conference on Information Systems: Exploring the Information Frontier (ICIS 2015). Association for Information Systems, 2015: 1-16.

[156] Zeng X, Wei L. Social Ties and User Content Generation: Evidence from Flickr [J]. Information Systems Research, 2013, 24 (1): 71-87.

[157] Cheung C M K, Thadani D R. The Impact of Electronic Word-of-mouth Communication: A Literature Analysis and Integrative Model [J]. Decision Support Systems, 2012, 54 (1): 461-470.

[158] Hong H, Xu D, Wang G A, et al. Understanding the Determinants of Online Review Helpfulness: A Meta-analytic Investigation [J]. Decision Support Systems, 2017, 102: 1-11.

[159] 张敏，王丹. 基于微格式的用户生成内容聚合组织研究 [J]. 情报理论与实践，2014，37 (8): 122-127.

[160] Woodall P. The Data Repurposing Challenge: New Pressures from Data Analytics [J]. Journal of Data and Information Quality (JDIQ), 2017, 8 (3-4): 1-4.

[161] Fang B, Liu X. Do Money-based Incentives Improve User Effort and UGC Quality? Evidence from a Travel Blog Platform [C] //PACIS, 2018: 132.

［162］金燕. 基于情绪分析的 UGC 质量评判模型［J］. 图书情报工作，2017，61（20）：131-139.

［163］金燕，孙佳佳. 基于用户画像的 UGC 质量预判模型［J］. 情报理论与实践，2019，42（10）：77-83.

［164］Anderka M，Stein B，Lipka N. Predicting Quality Flaws in User-generated Content：The Case of Wikipedia［C］//Proceedings of the 35th International ACM SIGIR Conference on Research and Development in Information Retrieval，2012：981-990.

［165］Annabi H，McGann S T，Pels S，et al. Guidelines to Align Communities of Practice with Business Objectives：An Application of Social Media［C］//2012 45th Hawaii International Conference on System Sciences. IEEE，2012：3869-3878.

［166］Huang Y，Singh P V，Ghose A. Show Me the Incentives：A Dynamic Structural Model of Employee Blogging Behavior［J］. International Conference on Information Systems（ICIS），2010：1-15.

［167］Mansour O，Abu Salah M，Askenäs L. Wiki Collaboration in Organizations：An Exploratory Study［C］//19th European Conference in Information Systems，Helsinki，Finland 9-11 June，2011.

［168］Nolte F，Guhr N，Breitner M H. Moderation of Enterprise Social Networks—A Literature Review from a Corporate Perspective［J］. Hawaii International Conference on System Sciences（HICSS），2017：1964-1973.

［169］Turban E，Bolloju N，Liang T P. Enterprise Social Networking：Opportunities，Adoption，and Risk Mitigation［J］. Journal of Organizational Computing and Electronic Commerce，2011，21（3）：202-220.

［170］Grimmelmann J. The Virtues of Moderation［J］. Yale JL & Tech.，2015，17：42.

［171］Li Y，Meng S，Zhang X，et al. User-generated Video Quality Assessment：A Subjective and Objective Study［J］. arXiv e-prints，2020：arXiv：2005.08527.

［172］Gupta D. Essays on the Management of Online Platforms：Bayesian Perspectives［D］. Virginia Tech，2020.

[173] Levina N, Arriaga M. Distinction and Status Production on User-generated Content Platforms: Using Bourdieu's Theory of Cultural Production to Understand Social Dynamics in Online Fields [J]. Information Systems Research, 2014, 25 (3): 468-488.

[174] Dellarocas C. Online Reputation Systems: How to Design One that Does What You Need [J]. MIT Sloan Management Review, 2010, 51 (3): 33.

[175] Sun M, Zhu F. Ad Revenue and Content Commercialization: Evidence from Blogs [J]. Management Science, 2013, 59 (10): 2314-2331.

[176] 何明升. 网络内容治理：基于负面清单的信息质量监管 [J]. 新视野, 2018 (4): 108-114.

[177] 王烽权，江积海. 互联网短视频商业模式如何实现价值创造？——抖音和快手的双案例研究 [J]. 外国经济与管理, 2021, 43 (2): 3-19.

[178] Gillespie T. Custodians of the Internet: Platforms, Content Moderation, and the Hidden Decisions that Shape Social Media [M]. Yale University Press, 2018.

[179] Myers West S. Censored, Suspended, Shadowbanned: User Interpretations of Content Moderation on Social Media Platforms [J]. New Media & Society, 2018, 20 (11): 4366-4383.

[180] Gorwa R, Binns R, Katzenbach C. Algorithmic Content Moderation: Technical and Political Challenges in the Automation of Platform Governance [J]. Big Data & Society, 2020, 7 (1).

[181] Madio L, Quinn M. Content Moderation and Advertising in Social Media Platforms [Z]. Available at SSRN 3551103, 2021.

[182] 吴璟薇，郝洁. 智能新闻生产：媒介网络、双重的人及关系主体的重建 [J]. 国际新闻界, 2021, 43 (2): 78-97.

[183] Liu Y, Yildirim T P, Zhang Z J. Social Media, Content Moderation, and Technology [J]. arXiv preprint arXiv: 2101. 04618, 2021.

[184] Wang Z, Bovik A C, Sheikh H R, et al. Image Quality Assessment: From Error Visibility to Structural Similarity [J]. IEEE Transactions on Image Processing, 2004a, 13 (4): 600-612.

[185] Wang Z, Lu L, Bovik A C. Video Quality Assessment Based on Structural Distortion Measurement [J]. Signal Processing: Image Communication, 2004b, 19 (2): 121-132.

[186] Lu W, He R, Yang J, et al. A Spatiotemporal Model of Video Quality Assessment Via 3D Gradient Differencing [J]. Information Sciences, 2019, 478: 141-151.

[187] De Reuver M, Srensen C, Basole R C. The Digital Platform: A Research Agenda [J]. Journal of Information Technology, 2018, 33 (2): 124-135.

[188] Darking M, Whitley E A, Dini P. Governing Diversity in the Digital Ecosystem [J]. Communications of the ACM, 2008, 51 (10): 137-140.

[189] Fargetta G, Scrimali L. A Game Theory Model of Online Content Competition [M] //Advances in Optimization and Decision Science for Society, Services and Enterprises. Springer, Cham, 2019: 173-184.

[190] Cha M, Kwak H, Rodriguez P, et al. I Tube, You Tube, Everybody Tubes: Analyzing the World's Largest User Generated Content Video System [C] //Proceedings of the 7th ACM SIGCOMM Conference on Internet Measurement, 2007: 1-14.

[191] Cha M, Kwak H, Rodriguez P, et al. Analyzing the Video Popularity Characteristics of Large-scale User Generated Content Systems [J]. IEEE/ACM Transactions on Networking, 2009, 17 (5): 1357-1370.

[192] Altman E, Jain A, Shimkin N, et al. Dynamic Games for Analyzing Competition in the Internet and in On-line Social Networks [C] //International Conference on Network Games, Control, and Optimization. Birkhäuser, Cham, 2016: 11-22.

[193] 许向东，王怡溪. 智能传播中算法偏见的成因、影响与对策 [J]. 国际新闻界，2020，42 (10): 69-85.

[194] 贾开. 人工智能与算法治理研究 [J]. 中国行政管理，2019 (1): 17-22.

[195] 王晓耘，赵菁，徐作宁. 基于社会化标注的用户兴趣发现及个性化推荐研究 [J]. 现代情报，2018，38 (7): 67-73+80.

[196] Selena S, Kenney M. Algorithms, Platforms, and Ethnic Bias: A Diag-

nostic Model [J]. Communications of the Association of Computing Machinery, Forthcoming November, 2019.

[197] Kemper J, Kolkman D. Transparent to Whom? No Algorithmic Accountability without a Critical Audience [J]. Information, Communication & Society, 2019, 22 (14): 2081-2096.

[198] Klinger U, Svensson J. The End of Media Logics? On Algorithms and Agency [J]. New Media & Society, 2018, 20 (12): 4653-4670.

[199] Dellarocas C. The Digitization of Word of Mouth: Promise and Challenges of Online Feedback Mechanisms [J]. Management Science, 2003, 49 (10): 1407-1424.

[200] Hashim M J, Bockstedt J. Overcoming Free-Riding in User-Generated Content Platforms: Punishments and Rewards for Individuals and Groups [Z]. Available at SSRN 2463453, 2019.

[201] Gallus J. Fostering Public Good Contributions with Symbolic Awards: A Large-Scale Natural Field Experiment at Wikipedia [J]. Management Science, 2017, 63 (12): 3999-4015.

[202] Burtch G, Hong Y, Bapna R, et al. Stimulating Online Reviews by Combining Financial Incentives and Social Norms [J]. Management Science, 2018, 64 (5): 2065-2082.

[203] Clary E G, Snyder M, Ridge R D, et al. Understanding and Assessing the Motivations of Volunteers: A Functional Approach [J]. Journal of Personality and Social Psychology, 1998, 74 (6): 1516.

[204] Kraut R E, Resnick P. Building Successful Online Communities: Evidence-based Social Design [M]. MIT Press, 2012.

[205] Tiwana A, Konsynski B, Bush A A. Platform Evolution: Coevolution of Platform Architecture, Governance, and Environmental Dynamics (Research Commentary) [J]. Information Systems Research, 2010, 21 (4): 675-687.

[206] Brousseau E, Penard T. The Economics of Digital Business Models: A Framework for Analyzing the Economics of Platforms [J]. Review of Network Economics, 2007, 6 (2): 81-114.

[207] De Reuver M, Bouwman H. Governance Mechanisms for Mobile Service Innovation in Value Networks [J]. Journal of Business Research, 2012, 65 (3): 347-354.

[208] Ghazawneh A, Henfridsson O. Governing Third - Party Development through Platform Boundary Resources [C] //The International Conference on Information Systems (ICIS). AIS Electronic Library (AISeL), 2010: 1-18.

[209] Grimmelmann J. The Law and Ethics of Experiments on Social Media Users [J]. Colo. Tech. LJ, 2015, 13: 219.

[210] Plantin J C, Lagoze C, Edwards P N, et al. Infrastructure Studies Meet Platform Studies in the Age of Google and Facebook [J]. New Media & Society, 2018, 20 (1): 293-310.

[211] Busquets J. Orchestrating Smart Business Network Dynamics for Innovation [J]. European Journal of Information Systems, 2010, 19 (4): 481-493.

[212] Rudmark D, Ghazawneh A. Third-Party Development for Multi-Contextual Services: On the Mechanisms of Control [C] //European Conference on Information Systems (ECIS 2011), 2011: 1-14.

[213] Basole R C, Karla J. Entwicklung von Mobile Platform Ecosystem Strukturen und Strategien [J]. Wirtschaftsinformatik, 2011, 53 (5): 301.

[214] Haaker T, Faber E, Bouwman H. Balancing Customer and Network Value in Business Models for Mobile Services [J]. International Journal of Mobile Communications, 2006, 4 (6): 645-661.

[215] 彭正银，王永青，韩敬稳. B2C 网络平台嵌入风险控制的三方演化博弈分析 [J]. 管理评论，2021，33 (4): 147-159.

[216] 方兴林. 演化博弈视角下网络交易平台“刷单炒信”行为控制研究 [J]. 情报科学，2018，36 (10): 89-92+121.

[217] 冯然. 竞争约束、运行范式与网络平台寡头垄断治理 [J]. 改革，2017 (5): 106-113.

[218] 朱战威. 互联网平台的动态竞争及其规制新思路 [J]. 安徽大学学报（哲学社会科学版），2016，40 (4): 126-135.

[219] Sambamurthy V, Zmud R W. Arrangements for Information Technology

Governance: A Theory of Multiple Contingencies [J]. MIS Quarterly, 1999.

[220] Klein R, Rai A. Interfirm Strategic Information Flows in Logistics Supply Chain Relationships [J]. MIS Quarterly, 2009: 735-762.

[221] Rai A, Tang X. Leveraging IT Capabilities and Competitive Process Capabilities for the Management of Interorganizational Relationship Portfolios [J]. Information Systems Research, 2010, 21 (3): 516-542.

[222] 项晓娟. 电子商务平台的关系治理及竞争策略 [J]. 商业经济研究, 2015 (30): 78-80.

[223] 魏云暖. 电子商务平台纵向关系治理及竞争策略研究 [J]. 商业经济研究, 2016 (24): 54-56.

[224] 彭本红, 武柏宇. 平台企业的合同治理、关系治理与开放式服务创新绩效——基于商业生态系统视角 [J]. 软科学, 2016, 30 (5): 78-81.

[225] 申尊焕, 龙建成. 网络平台企业治理机制探析 [J]. 西安电子科技大学学报 (社会科学版), 2017 (4): 66-72.

[226] Katz M L, Shapiro C. Technology Adoption in the Presence of Network Externalities [J]. Journal of Political Economy, 1986, 94 (4): 822-841.

[227] Schilling M A. Technology Success and Failure in Winner-take-all Markets: The Impact of Learning Orientation, Timing, and Network Externalities [J]. Academy of Management Journal, 2002, 45 (2): 387-398.

[228] Eisenmann T, Parker G, Van Alstyne M W. Strategies for Two-sided Markets [J]. Harvard Business Review, 2006, 84 (10): 92.

[229] Rochet J C, Tirole J. Platform Competition in Two-sided Markets [J]. Journal of the European Economic Association, 2003, 1 (4): 990-1029.

[230] Armstrong M. Competition in Two-sided Markets [J]. The RAND Journal of Economics, 2006, 37 (3): 668-691.

[231] 戚聿东, 李颖. 新经济与规制改革 [J]. 中国工业经济, 2018, 3: 5-23.

[232] 朱芳芳. 平台商业模式研究前沿及展望 [J]. 中国流通经济, 2018, 32 (5): 108-117.

[233] 王海杰, 宋姗姗. 互联网背景下制造业平台型企业商业模式创新研究——基于企业价值生态系统构建的视角 [J]. 管理学刊, 2019, 32 (1):

43-54.

[234] 肖红军，李平. 平台型企业社会责任的生态化治理 [J]. 管理世界，2019，35（4）：126-150，202.

[235] Poell T，Nieborg D，José Van Dijck. Platform Power & Public Value [C] //The 19th Annual Conference of the Association of Internet Researchers，2018.

[236] Marco I，Roy L. Strategy as Ecology [J]. Harvard Business Review，2004，82（3）：68-78.

[237] Katz M L，Shapiro C. Systems Competition and Network Effects [J]. Journal of Economic Perspectives，1994，8（2）：93-115.

[238] Bogost I，Montfort N. New Media as Material Constraint：An Introduction to Platform Studies [C] //Electronic Techtonics：Thinking at the Interface. Proceedings of the First International HASTAC Conference，2007：176-193.

[239] Bogost I，Montfort N. Platform Studies：Frequently Questioned Answers [J]. Digital Arts & Culture，2009.

[240] Jones S E，Thiruvathukal G K. Codename Revolution：The Nintendo Wii Platform [M]. MIT Press，2012.

[241] Weltevrede E，Borra E. Platform Affordances and Data Practices：The Value of Dispute on Wikipedia [J]. Big Data & Society，2016，3（1）.

[242] 汪旭晖，张其林. 平台型电商声誉的构建：平台企业和平台卖家价值共创视角 [J]. 中国工业经济，2017（11）：174-192.

[243] Pasquale F. Two Narratives of Platform Capitalism [J]. Yale L. & Pol'y Rev.，2016，35：309.

[244] Gol E S，Stein M K，Avital M. Crowdwork Platform Governance toward Organizational Value Creation [J]. The Journal of Strategic Information Systems，2019，28（2）：175-195.

[245] Nokkala T，Salmela H，Toivonen J. Data Governance in Digital Platforms [C] //AMCIS，2019.

[246] Lin M，Li S，Whinston A B. Innovation and Price Competition in a Two-sided Market [J]. Journal of Management Information Systems，2011，28（2）：171-202.

[247] Goldbach T, Kemper V. Should I Stay or Should I Go? The Effects of Control Mechanisms on App Developers' Intention to Stick with a Platform [J]. Publications of Darmstadt Technical University Institute for Business Studies, 2014.

[248] Levina O, Mattern S, Kiefer F. Extending Digital Platform Governance with Legal Context [C] //AMCIS, 2019.

[249] Weill P, Ross J W. IT Governance: How Top Performers Manage IT Decision Rights for Superior Results [M]. Harvard Business Press, 2004.

[250] Schreieck M, Wiesche M, Hein A, et al. Governance of Nonprofit Platforms - Onboarding Mechanisms for a Refugee Information Platform [C] //SIG GlobDev Ninth Annual Workshop, Dublin, 2016a.

[251] Benlian A, Hilkert D, Hess T. How Open is this Platform? The Meaning and Measurement of Platform Openness from the Complementers' Perspective [J]. Journal of Information Technology, 2015, 30 (3): 209-228.

[252] Schreieck M, Wiesche M, Krcmar H. Design and Governance of Platform Ecosystems-Key Concepts and Issues for Future Research [C] //Twenty-fourth European Conference on Information Systems, 2016b.

[253] Boudreau K. Open Platform Strategies and Innovation: Granting Access vs. Devolving Control [J]. Management Science, 2010, 56 (10): 1849-1872.

[254] Rietveld J, Schilling M A, Bellavitis C. Platform Strategy: Managing Ecosystem Value through Selective Promotion of Complements [J]. Organization Science, 2019, 30 (6): 1232-1251.

[255] Arrieta-Ibarra I, Goff L, Jiménez-Hernández D, et al. Should We Treat Data as Labor? Moving beyond "Free" [C] //AEA Papers and Proceedings, 2018, 108: 38-42.

[256] Posner E A, Weyl E G. Radical Markets: Uprooting Capitalism and Democracy for a Just Society [M]. Princeton University Press, 2018.

[257] Suzor N P. Lawless: The Secret Rules that Govern Our Digital Lives [M]. Cambridge University Press, 2019.

[258] Gorwa R, Ash T G. Democratic Transparency in the Platform Society [J]. Social Media and Democracy: The State of the Field, Prospects for Reform,

2020: 286.

[259] King G, Persily N. A New Model for Industry-academic Partnerships [J]. PS: Political Science & Politics, 2020, 53 (4): 703-709.

[260] Fuchs C. The Political Economy of Privacy on Facebook [J]. Television & New Media, 2012, 13 (2): 139-159.

[261] Zuboff S. Big Other: Surveillance Capitalism and the Prospects of an Information Civilization [J]. Journal of Information Technology, 2015, 30 (1): 75-89.

[262] Lee S U, Zhu L, Jeffery R. A Contingency-Based Approach to Data Governance Design for Platform Ecosystems [C] //PACIS, 2018a: 168.

[263] Bresnahan T, Greenstein S. Mobile Computing: The Next Platform Rivalry [J]. American Economic Review, 2014, 104 (5): 475-480.

[264] Sambamurthy V, Zmud R W. Arrangements for Information Technology Governance: A Theory of Multiple Contingencies [J]. MIS Quarterly, 1999: 261-290.

[265] Xue L, Ray G, Gu B. Environmental Uncertainty and IT Infrastructure Governance: A Curvilinear Relationship [J]. Information Systems Research, 2011, 22 (2): 389-399.

[266] Bardhan P. Decentralization of Governance and Development [J]. Journal of Economic Perspectives, 2002, 16 (4): 185-205.

[267] Faguet J P. Decentralization and Governance [J]. World Development, 2014, 53: 2-13.

[268] Walch A. In Code (rs) We Trust: Software Developers as Fiduciaries in Public Blockchains [M] //Regulating Blockchain. Oxford University Press, 2019.

[269] Wright A, De Filippi P. Decentralized Blockchain Technology and the Rise of Lex Cryptographia [Z]. Available at SSRN 2580664, 2015: 1-58.

[270] Glaser F, Hawlitschek F, Notheisen B. Blockchain as a Platform [M] //Business Transformation through Blockchain. Palgrave Macmillan, Cham, 2019: 121-143.

第四章

UGC参与主体的治理模型及实现路径

前文的分析讨论确定了本研究的主要问题与思路，提出了研究的内容与技术路线。从本章起开始本书的核心内容研究：基于对埃莉诺·奥斯特罗姆自主治理的理论分析，提出UGC参与主体治理的理论预设；进一步通过多案例探索性分析，构建出UGC参与主体的治理模型，并基于信息链的不同阶段提出参与主体治理的实现路径，为后续深入开展UGC参与主体治理的具体实现过程、探索不同阶段下各参与主体在治理过程中的决策提供理论支撑。

第一节　理论分析和预设

一、理论分析

（一）UGC参与主体的集体行动困境

集体行动是指群体中的个人会为了追求共同的福利而自愿进行的行动（Truman，1958）。西方学者一直在关注集体行动问题方面的研究，从社会学领域一直延伸到政治学、心理学、经济学等多个领域。既有以“本特利论断”为代表的对传统集团理论的探索（Bentley，1908），也有奥尔森的“集体行动逻辑”（Olson，1965）和哈丁的“公地悲剧论断”（Hardin，1968），此外还有古斯塔夫·勒庞来自社会心理学对集体行动的问题探讨（Le Bon，1897）。埃莉诺·奥斯特罗姆在多学科领域对集体行动研究的基础之上，基于制度主义的思想，提出了对“集体行动”的含义阐释，即“集体行动是在个人独立决策行动的基础之上，对系统内其他利益相关者产生影响的最终行动”（Elinor Ostrom，2010）。学者们对于集体行动的描述都提出了个体决策与集体利益间的行为假设，即集体行动中的个体决策存在“搭便车”等机会主义问题：个体在进行集体行动时只要能享受到集体行动所带来的利益分享，便会失去共同创造利益的动力（埃莉诺·奥斯特罗姆，2012）。集体行动的中心问题是“搭便车”问题：无论何时，只要个人不被排除在享受公共利益的群体之外，他就没有动力去付出努力，而只是“搭乘”其他人努力创造的利益“便车”（Olson，1965）。

UGC 的参与主体面临同样的集体行动困境。UGC 内容生成用户通过在平台上发布内容，获取内容消费用户提供给 UGC 平台的流量资源，流量资源成为内容生成用户、MCN 机构等参与主体共同追求的福利，从而形成了 UGC 参与主体的集体行动困境。UGC 平台为其内容生成端的用户提供展示其自主生成内容的空间，进而获取由内容消费端用户所提供的流量资源，同时流量资源也是 MCN 机构所追求的利益。内容消费用户是为优质内容埋单的，他们会为了更优质的内容贡献更多的流量资源，而内容生成端用户通过付出努力提升内容质量，进而扩大整体流量资源池，追求共同福利。在个体理性和追求自身利益的偏好驱使下，集体中的个人不会为了群体福利而牺牲个人成本去行动（Olson，1965），由此产生了内容生成用户的“搭便车”行为。

部分用户在生成内容时的“搭便车”行为主要体现在内容质量问题上，他们“坐享”其他用户通过努力生成优质内容而产生的平台整体流量收益，搭乘优质内容带来的收益“便车”。UGC 参与主体中的“搭便车”用户为了快速进行流量收割、实现收益，往往采取简单模仿策略来最大化其内容输出量，造成同质化内容泛滥，甚至还会生产一些恶意丑化、超越道德甚至法律底线的低俗内容，以达到哗众取宠的目的。内容质量良莠不齐等 UGC 质量问题的凸显得到了业界的普遍关注（李鹏，2017）。UGC 内容生成用户的“搭便车”行为会产生劣质内容，进而“侵蚀”平台的内容生态，形成集体行动困境。在追求流量利益的理性假设下，UGC 参与主体必然面临集体行动困境所造成的内容质量问题（高宏存和马亚敏，2018）。如果“搭便车”的诱惑使平台所有用户趋向生成劣质内容，最终结局也是平台企业甚至整个行业和市场所不愿意看到的。即使是一部分人的“搭便车”行为，也会使 UGC 行业整体收益无法达到最优化。

（二）UGC 治理问题的解决思路

关于集体行动困境的解决方案，已有的研究分为“市场主导”和“政府主导”两大主流派别，即“市场治理”和“行政治理”：

1. “市场治理”

以市场为主导的治理理论认为，充分依托市场这只“看不见的手”来解决集体行动中存在的“搭便车”等机会主义行为是最为可行的路径。这一流派的观点认为，通过市场内在的配置方案能够解决集体行动中存在的困境，然而历史经验证明了在完全自由化的市场经济的引导下，特别是在外部效应明显的公共物品供给和消费中，会出现“市场失灵”的现象并伴随高额的监督成本（Samuelson，1954）。UGC 平台和多数中国互联网平台的发展历程相同，都经历了发展初期的粗放式增长，例如，知乎开放注册不到一年时间就实现了用户量 20 倍的增长，快手更是有过一年内实现 100 倍日活跃用户增长的传奇。在初期爆发式增长的背景下，完全靠市场治理的负面结果便是内容质量问题的层出不穷。

2. “行政治理”

鉴于市场治理思想对出现的“市场失灵”现象无计可施的情况，学界建立起了以政府规制为主导的公共资源治理理论，即“行政治理”理论。“行政治理”主张政府通过集中管制来进行管理，以政府的作用取代市场化和产权机制。然而政府的集中管制理论虽然在一定程度上能够提升治理效果，有效地解决了集体行动下的“搭便车”等机会主义行为以及因“市场失灵”而出现的治理失灵情况，但是“行政治理”存在较高的治理信息成本和执行成本，导致治理的执行力欠缺，在一定程度上造成了集体行动问题再次露头的现象（埃莉诺·奥斯特罗姆，2015）。

埃莉诺·奥斯特罗姆在解决集体行动困境的传统“二分法”之外提出了第三种方法，即自主治理的思路。自主治理理论的出发点同“市场治理”和“行政治理”是一致的，都是为了解决集体在追求共同福利的过程中出现的“搭便车”等机会主义行为。所不同的是，埃莉诺·奥斯特罗姆构建了介于“市场”和“政府”二分思维的中间思路，其所讨论的核心问题是如何让具有利益相关的资源占用者自发组织起来，共同应对集体行动中所产生的“搭便车”等机会主义行为，实现治理效率的最优化（埃莉诺·奥斯特罗姆，2012）。因此自主治理理论在 UGC 内容问题的治理思路上是值得借鉴的。

在数字化和信息化程度增强的数字互联网时代，网络效应带来的爆发性增长以及网络用户的异质性（Kim 和 Lee，2016），使 UGC 参与主体的“市场治理”道路充满未知；而信息化程度的复杂性与网络用户的自主性和匿名性，也使完全的“行政治理”面临过高的治理成本和执行难度。埃莉诺·奥斯特罗姆的自主治理理论正是在此背景下提出了有效解决集体行动困境的方案，其思路为 UGC“搭便车”问题的治理提供了值得借鉴的解决思路。自主治理思想打破了集体行动中个体所遇到的交流机会限制（Ostrom，2010），实现了参与主体间有效的自主组织和自主治理。国内外学者一直在积极探索将这一治理思路拓展至公共自然资源以外的应用领域并取得了一定的成效。Spithoven（2019）探索了互联网平台与加密货币组织的自主治理路径，她基于区块链技术的未来应用提出了埃莉诺·奥斯特罗姆的 IAD 分析框架在加密货币组织自主治理上适用的可能性；郭玲（2020）则探讨了自主治理理论在我国证券行业治理的应用思路，她认为证券公司个体理性产生的场外配资等行为所造成的集体非理性结果是集体行动问题的典型表现，通过激发行业自律组织的活力等措施是提升证券行业自主治理的合理途径；此外，还有关于网络组织集体声誉（Megyesi 和 Mike，2016）、行业信用（汪火根，2016）等方面的自主治理实现路径。学者的积极探索，既为自主治理理论的拓展性应用提供一定的参考思路，也为本书所涉及的 UGC 参与主体的治理探索提供了可借鉴的方法和经验。

二、理论预设

基于上述对 UGC 内容问题治理的思路和理论分析，本部分结合自主治理理论的研究框架，对 UGC 参与主体的治理提出相应的理论预设。埃莉诺·奥斯特罗姆在其自主治理研究中提出了重要的分析工具，即制度分析与发展框架（简称 IAD 框架），本部分将利用既有自主治理理论的 IAD 框架对 UGC 参与主体的治理提出合理的理论预设，为后续的案例研究以及理论模型的提出提供初步的理论支撑。

（一）UGC 参与主体治理框架的关键因素

1. 制度环境和市场环境是 UGC 参与主体治理的既定外部条件

自主治理理论的 IAD 分析框架是通过对三组外界变量（自然世界性质、社群性质以及运行规则）的界定来关注其对行动场景的影响。这三种外界变量的相互联系对行动情景和行动者所构成的行动场景进行影响，进而产生不同的互动模式、结果以及评价标准[①]。在 UGC 参与主体的治理过程中，制度规范是治理的前提条件（刘少华和陈荣昌，2018），是内容问题的道德底线，一切的参与主体治理行为都需要在此底线上进行。而互联网内容市场环境的不确定性和复杂性也对行为者的决策态度有着重要的影响（Faucheux 和 Froger，1995）。因此，借鉴自主治理理论的 IAD 框架，我们首先将影响行动场景的制度环境和市场环境看作参与主体治理的一个既定外部条件（埃莉诺·奥斯特罗姆，2011）。

2. UGC 各参与主体是治理的行动者

UGC 平台连接着平台两端的内容生成用户和内容消费用户，内容生成用户自主生产内容并上传至 UGC 平台，而另一端的内容生成用户对平台上的内容进行观看。埃莉诺·奥斯特罗姆在 IAD 框架中分析了行动情境的内涵，包括参与者及其角色、行动、潜在的结果等要素，这些要素构建起了非常丰富多样的行动情境（埃莉诺·奥斯特罗姆，2011）。资源的提取和提供行为在自然场景下是交织在一起的（Ostrom 等，1994），而在互联网场景下，提取和提供行为的交织情况更为明显。在追求流量利益的背景下，UGC 内容消费用户和内容生成用户的集体行为共同构成了这一特定的行动情境。除了 UGC 双边用户，UGC 参与主体中的中介机构（MCN 机构）也成为治理系统中一个重要的行动者。MCN 机构作为 UGC 平台与内容生成用户之间的中介，扮演着一种重要的互利共赢角色（Davidson，2013）。对于平台而言，MCN 机构既是与平台共同管理的合作者，也是提供内容的下游机构；而对于内容生成用户而言，MCN 机构又有着管理和追求共同利益的双重身份。由此，UGC 的参与主体——UGC 平台、MCN 机构、头部内容生成用户、腰尾部内容生成用户、内容消费用户，共同构成了

---

① 关于 IAD 框架具体的理论阐释参看本书第二章中关于埃莉诺·奥斯特罗姆理论的阐释内容。

参与主体治理的行动者。

3. UGC 平台是实现参与主体治理的关键角色

在这些参与主体的交互关系中，UGC 平台处在一个至关重要的位置。UGC 平台作为利益相关者是治理系统中的关键参与者（Naab 和 Sehl，2016），它关联了治理中的其他所有行动者；与此同时，在行动者之间的交互行为情景中，UGC 平台也扮演了调节和关联的角色。UGC 平台为参与主体之间提供了充分的信息交流与调节机会，为 UGC 参与主体的治理框架搭建起了关键的桥连作用，基于此，UGC 参与主体的治理逻辑才得以建立。

（二）UGC 参与主体的治理框架分析

基于上述分析，在 UGC 参与主体的治理框架中，其行动者包括 UGC 平台、MCN 机构、头部内容生成用户、腰尾部内容生成用户和内容消费用户。UGC 平台在这一框架中起到了关键性的作用，为自主治理理论在 UGC 参与主体治理方面的拓展和应用提供了可能性。结合埃莉诺·奥斯特罗姆的 IAD 分析框架，本书预设了 UGC 参与主体治理的分析框架，如图 4.1 所示。

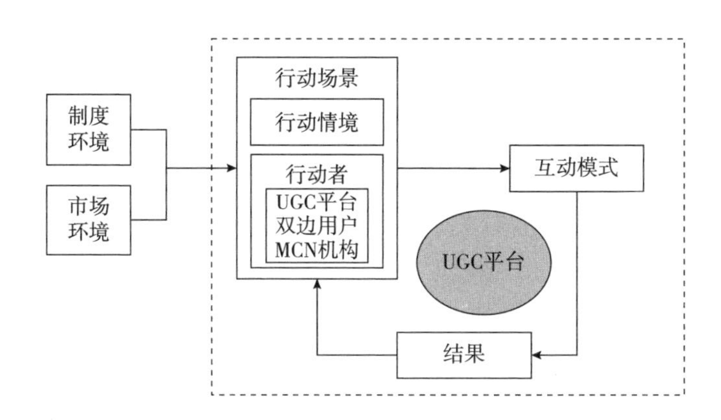

图 4.1　UGC 参与主体治理的分析框架

资料来源：作者结合埃莉诺·奥斯特罗姆的 IAD 分析框架与 UGC 参与主体特性绘制。

从预设的 UGC 参与主体治理的分析框架中看到，UGC 平台及其双边用户，以及 MCN 机构共同构成了行动场景中的行动者，而他们各自不同的角色扮演及其之间的交互作用形成了参与主体治理框架中的行动情境。在限定的制度环境和市场环境条件下，上述行动者在不同行动情境下的交互作用，产生了不同模式下的互动关系，并最终通过交互影响的结果反过来对 UGC 参与主体治理的行动场景产生影响，形成治理闭环。在此过程中，UGC 平台充当了所有环节中关键的调控角色。

在 UGC 参与主体治理中不同的互动模式下，各行动者之间是如何自行组织并参与决策的？平台在其间又是如何起到调控作用从而最终实现参与主体的有效治理？这些问题有待进一步深入探索。上述 UGC 参与主体治理的分析框架为这些问题提供了相关的理论预设，也为后续的案例资料分析和理论探索提供了一定的方向，引导研究去发掘 UGC 参与主体的治理模型及其实现路径。

第二节　研究方法与案例设计

一、研究方法

本书研究的目的是构建 UGC 参与主体的治理模型并探索其实现路径，属于理论建构的范畴。研究的核心是要解决“是什么”和“怎么样”的问题，结合实际问题和研究需要，探索性案例研究是最为行之有效的方法（Eisenhardt 和 Graebner，2007）。因此，本书将基于扎根理论的原则、方法和程序，通过多渠道收集案例资料，全方位、多视角地对案例进行深入挖掘和对比。

案例研究的方法可以分为探索性、描述性、解释性和评价性四种类型（Bassey，1999），其中探索性案例是基于一定的理论预设，通过对典型案例对象深入探索和挖掘，提出研究的命题或假设，进而建构新的理论模型。对照 Yin（1994）给出的案例研究选择的三个标准（回答“是什么”和“怎么样”问题、研究对象无法控制以及当下实际问题的背景），探索性案例是本书研究的有效途径。此外，案例研究也是实现路径探索的主要方法（Dobush 和 Kapeller，2013；Tiberius 和 Swartwood，2011）。所以本章希望通过探索性案例的研究方法找到 UGC 参与主体治理的模型及其实现路径，为后续章节的研究提供理论支撑和研究假设。

扎根理论（Ground Theory）是用来收集一系列案例资料，并按照一整套规范的流程进行资料的整理、归纳、识别和转化，最终将资料提炼成为理论的建构过程（Glaser 和 Strauss，2017）。其主要流程包括样本选择、数据收集、范畴提炼和模型构建，通过反复的流程运行最终实现理论饱和并得出结论（如图 4.2 所示）。扎根理论摒弃经验主义思想，从现有的资料数据中挖掘出新的思路和概念，其核心思路就是整理比较、归纳识别和最终的成果转化，在研究过程中实现资料的概念化和范畴化。研究过程包括开放式编码、主轴式编码和选择性编码三个步骤（Pandit，1996），每一个步骤都是建立在前一步骤的分析基础之上，循序渐进地实现最终理论的构建。

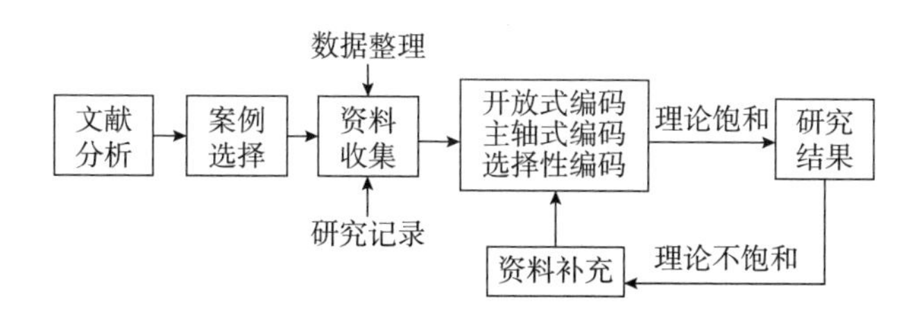

图 4.2　扎根理论研究流程图

资料来源：Pandit N R. The Creation of Theory：A Recent Application of the Grounded Theory Method [J]. The Qualitative Report，1996，2（4）：1-15.

因此，本研究采用多案例扎根理论的方法，参照多案例理论构建的原则方法，选取 UGC 的典型平台企业进行深入的探索和挖掘，通过扎根理论的编码程序，尝试构建 UGC 参与主体的治理模型及其实现路径。本书使用 NVivo10.0 工具对案例资料分别进行开放式编码、主轴式编码、选择性编码；在编码过程中，本书严格遵守扎根理论归纳和模型构建的步骤，将原始数据进行定义现象、概念化、范畴化，并进一步提炼出主范畴和核心范畴。同时，对存在争议的初始概念和范畴做进一步修改或删除，避免主观意见对编码结果的影响，以保证研究的信度和效度。

二、案例选择

案例选择应在 3~6 个的数量范围内（罗伯特，2009；陈晔等，2011），同时应尽量选取典型或具有代表性的案例，即选择那些能够展现理论预设全貌并提供清晰理论说明的极端性案例（Eisenhardt，1989；张霞和毛基业，2012；刘洋和应瑛，2015），从而使理论建构结论更具有说服力和可信度。因此，本书结合我国UGC发展的特点，根据其涵盖的不同内容形式，从图文类、视频类、音频类三类对UGC的相关平台企业进行了分类并列举出国内具有代表性的15家平台，如表4.1所示。

表4.1 UGC平台分类及代表

分类	涉及内容形式	典型平台
图文类	涉及自媒体、内容社区、知识分享等以用户生成图文为主要内容的平台	微博、微信公众号、趣头条、小红书、知乎、百度知道
视频类	涉及短视频、Vlog等以用户生成视频为主要内容的平台	抖音短视频、快手、哔哩哔哩、火山小视频、腾讯微视
音频类	涉及有声书、K歌等以用户生成音频为主要内容的平台	喜马拉雅FM、荔枝、全民K歌、唱吧

资料来源：根据天眼查资料整理。

基于上述图文类、视频类、音频类三类具有代表性的平台企业，本书结合其发展历程和代表性成就，从中选取最具典型性的案例，最终选择了图文类的“知乎”、视频类的“快手”以及音频类的“荔枝”三个UGC平台企业进行研究。三个代表性案例的行业地位和发展成就如表4.2所示。

表4.2 代表性案例的行业地位和发展成就

案例平台	UGC类型	代表性发展成就
知乎	图文类	2011年知乎网站成立并于2013年3月开放注册，一年的时间注册用户达400万；2017年1月完成D轮融资，估值超过10亿美元，迈入独角兽企业的行列；2017年11月8日入选时代影响力·中国商业案例TOP30；2020年8月以市值200亿元人民币排在《苏州高新区·2020胡润全球独角兽榜》第108位；2021年3月在美国纽约证券交易所挂牌上市，市值约308亿元人民币

续表

案例平台	UGC 类型	代表性发展成就
快手	视频类	2011 年 3 月 GIF 快手诞生并于 2013 年 10 月转型为短视频社交平台；2015 年连续一年居于 App Store 免费榜 TOP30；2016 年 4 月总用户数突破 3 亿；2017 年 12 月，日活跃用户（DAU）突破 1.1 亿；2019 年 5 月，DAU 超过 2 亿，同年 11 月成为中央广播电视总台 2020 年《春节联欢晚会》独家互动合作伙伴；2020 年 8 月，在胡润研究院发布的《苏州高新区 · 2020 胡润全球独角兽榜》以价值 1950 亿元位列第 8；2021 年 2 月在港交所挂牌上市，市值约 600 亿元人民币
荔枝	音频类	2015 年荔枝位列中国移动电台市场份额前三，用户满意度同行业排名第一；2016 年 11 月荣登 2016 中国泛娱乐指数盛典“中国文娱创新企业榜 TOP30”；2017 年 1 月成立三周年时，宣布用户破亿；2019 年 8 月入选 2019 年中国互联网企业 100 强榜单；2020 年 1 月，荔枝正式登陆纳斯达克，成为中国音频第一股

资料来源：根据天眼查及平台官方资料整理。

三、资料收集

（一）收集方法选择

案例研究需要综合各种资料收集的方法，常用的方法包括实地考察、人员访谈、问卷调查以及查阅已有的文档资料（Eisenhardt，1989），有学者按照不同的分类标准对案例研究的资料进行划分（Yin，2013）；目前最普遍的分类方法还是根据资料来源是否原始进行划分，即分为一手资料和二手资料（叶康涛，2006）。一手资料指研究人员亲自挖掘的、尚未公开或未经他人处理的相关资料；二手资料则指那些经其他渠道获得的、由他人处理过的数据资料，包括报告、档案、文件、书籍、网络信息等。

案例资料的收集对研究起着至关重要的作用，都能够为案例研究提供有力的支撑（Yin，2009），而对于有效收集到的二手资料在某种程度上同一手资料一样在案例研究的效果影响上具有同样重要的作用。一手资料的收集工作存在一定的困难，这是因为建立在人际关系与个人能力上的案例企业调研机会十分难得，即使是有幸得到相关企业关键人员的访谈机会，访谈内容的有效性也值得考量（苏敬勤和刘静，2013）。在这种情况下需要更加多元的其他数据资料，而丰富的二手资料则为研究提供了更有力的支撑。随着信息技术的发展，二手资料的获取途径以及资料的有效性得到了极大的改善，其重要性越发值得研究者们的关注。

基于以上思考，本书在充分探索与案例相关的 UGC 平台企业、监管机构、用户等方面的一手资料的基础上，对二手资料进行了深入的挖掘和梳理，希望能够得到更加完善、有效的案例资料数据。通过对二手资料的初步分析和思考，对一手资料收集过程中的访谈大纲、问卷设计进行修正，来提高一手资料获取的针对性、适用性和有效性。

（二）实际资料来源

本书按照 Yin（1994）的多源证据要求，采用多层次、多数据源的资料收集方式，以便形成三角互证，保证数据的相互补充和交叉验证，确保案例研究基础具有更好的效度和信度，增强研究结果的准确性。本书为了提升研究数据来源的充分性和准确性，采用多重路径获取目标平台的相关资料。其中一手资料包含：①组建调研小组同案例平台企业用户管理、内容审核等相关部门的管理者与员工进行的深入访谈；②利用课题组与中国市场监督管理学会项目的合作机会，与相关市场监督管理部门工作人员开展的个人访谈；③通过参与“网络市场监管专家委员会”座谈会、网易旗下的数字内容风控服务商（网易易盾）主办的“内容平台治理 2020 深入讨论活动”“中国网络平台治理论坛”等学术和活动，与内容平台治理方面的专家、学者及行业从业人员进行的深入交流；④通过网络在线形式随机抽取平台用户进行的结构性访谈。所有资料重点通过对监管部门、行业专家、平台企业等来源的专家学者和管理者以及平台企业用户的访谈获得，访谈内容重点针对三家案例平台企业内容审核行为及影响、优质内容生成、内容推荐和分发等方面，平均访谈时间不低于 30 分钟，具体访谈对象分布及其职务如表 4.3 所示。

表 4.3 研究资料收集情况

<table>
<tr><th rowspan="2">资料来源</th><th colspan="3">资料形式及数量</th></tr>
<tr><th>一手资料</th><th colspan="2">二手资料</th></tr>
<tr><td>f 平台企业</td><td>参与式观察（3 家）：对知乎、快手、荔枝 3 家平台企业内容运营相关部门进行参与式观察。个人访谈（9 人）：包括知乎北京用户产品经理 1 人、内容运营部门主管 2 人，快手天津内容运营中心审核部门主管 1 人、运营编辑编辑 2 人，荔枝推荐算法工程师 1 人、内容产品经理 2 人</td><td>公开性资料（12 份）：包括 3 家平台企业各自的产品运营手册共 3 部、平台创始人访谈节目资料 4 份（其中《创业家》2016 宿华专访 1 份、知乎创始人周源专访 2 份、TechCrunch 荔枝创始人专访 1 份）、相关专著 3 部（快手研究院《快手是什么》（Ⅰ、Ⅱ），知乎战略副总裁《创作者》）、企业公开采访记录 2 份</td><td rowspan="4">海量大数据（包括公开声明、媒体报道、网络评论等）（22.3 万条）</td></tr>
<tr><td>g 监管部门</td><td>个人深度访谈（6 人）：包括国家市场监督管理总局干部、北京市市场监督管理局网监处干部、浙江省市场监督管理局网络交易监督管理分局干部、杭州市余杭区市场监督管理局干部等部门工作人员</td><td>公开性资料（3 份）：网络市场监管工作相关报告</td></tr>
<tr><td>e 行业专家</td><td>个人深度访谈（8 人）：包括中国市场监督管理学会干部 2 人、天津市网络视听产业协会干部 1 人、网络市场监管专家委员会委员 1 人；网易易盾内容风控产品经理、北京大学法学院教授、南开大学商学院教授、天津财经大学商学院教授等行业专家 4 人</td><td>公开性资料（5 份）：《中国网络交易市场治理报告（2018）》、《网络市场监管基础理论研究报告》、“中国网络平台治理论坛”资料、“网络市场监管专家委员会”座谈会材料、网易易盾“内容平台治理 2020 深入讨论活动”会议资料等公开资料</td></tr>
<tr><td>c 平台用户</td><td>随机个人访谈（20 人）、结构式问卷（348 份）</td><td>—</td></tr>
</table>

注：平台企业、监管部门、行业专家、平台用户 4 个不同的资料来源分别用字母 f、g、e、c 代表，便于后续资料编码。

二手资料包括工作资料、网络媒体信息以及其他公开书籍和案例、各相关平台企业 2019 年度和 2020 年度报告等，此外还有《中国网络平台治理研究报告》课题组收集的 2019 年度和 2020 年度关于 UGC 治理方面的大数据资料。笔者导师所带领的团队从 2018 年起连续三年对网络平台治理问题进行深入探索，与天津市海量大数据公司进行深度合作，利用其大数据平台挖掘相关平台的治理数据（以下简称海量大数据）并每年公开发布《网络平台治理报告》，该项目自2019年加入了UGC治理板块，积累了从2018年7月1日至2020年6月30日关于UGC治理的海量大数据，其中包括权威媒体、用户网络评论、相关主管部门官方声明等。由于涉及相关平台的内容质量等敏感问题，在面对面访谈的过程中避免不了受访者的刻意回避等资料不客观的情况，因此来自权威媒体的客观报道便成为了解UGC治理的重要资料。这些多来源大数据资料具有很高的利用价值，为本研究提供了有力的支撑。

为了避免在获取资料整理过程中出现失真的情况，本书采用各部分案例资料分别整理并及时发送资料提供者，根据提供者的反馈进一步完善修改。所有资料收集完成后全部转换录入至Word文档，随后利用NVivo12.0软件对全部质性研究资料进行汇总和整理。

四、分析流程

（一）文献研究

基于Strauss和Corbin（1994）关于扎根理论的研究，在资料分析之前对相关研究内容的文献进行回顾。研究基于“什么是UGC参与主体治理”以及“如何开展UGC参与主体治理”进行了提纲式的文献综述。通过对UGC相关内容和参与主体治理的分析，描绘了UGC参与主体治理的理论边界，并将其界定为的介于“市场治理”和“行政治理”之间的通过内部协调和制度设计而进行的治理思路。其治理行动者涵盖了UGC平台、头部内容生成用户、腰尾部内容生成用户、内容消费用户以及中介机构——MCN机构，他们作为UGC的参与主体共同构成了治理的行动者。

（二）资料编码

本书对资料的分析遵循程序化的扎根理论操作流程，主要通过开放式编码、主轴式编码以及选择性编码三个阶段，挖掘和识别案例资料的范畴以及各范畴性质之间的关系（王炳成等，2020）。为了确保范畴提炼的客观性，本书将资料的范畴分成了三个编码小组，分别由团队里的一名博士生和一名硕士生组成，每个小组单独对案例资料进行编码工作，每个阶段编码和提炼工作结束后各个小组进行碰头讨论，对持不同意见的范畴进一步评议和确定，最终确保整个范畴提炼和理论构建工作的可信度。扎根理论研究流程如图 4.3 所示。

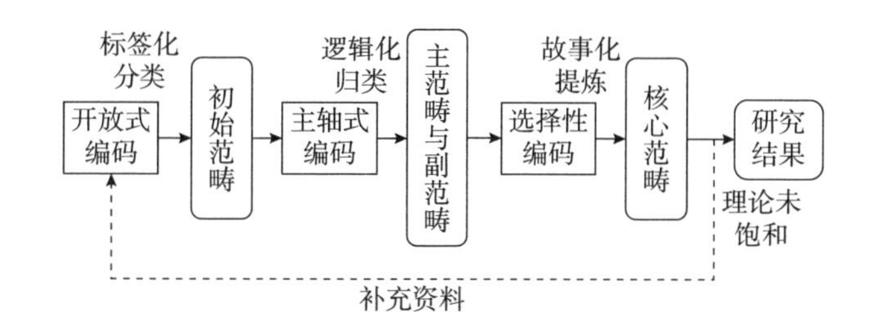

图 4.3 扎根理论编码过程图

资料来源：根据 Strauss 和 Corbin（1994）的研究资料整理。

1. 开放式编码

开放式编码即一级编码，是对所有原始资料的最初级编码。通过对全部原始资料逐字逐句的分析，将每一个有效节点进行标签化归类（Pandit，1996）。在标签化的过程中，尽可能地排除编码者在前期研究中刻画的相关理论的个人主观判断倾向，以保证初始资料的原始性；而后对所有的标签进行归类整理，完成原始资料的初始范畴分类。

2. 主轴式编码

作为二级编码，主轴式编码是资料分析的第二步工作。依据扎根理论对编码流程的要求，将第一步初步分类的初始化范畴进行再次分隔聚类，对初始范畴之间具有逻辑相关性的类别进行归纳，最终提炼出案例资料的主范畴和副范畴。

3. 选择性编码

选择性编码作为三级编码又称为核心编码，在此步骤中要依托故事链描绘的形式对二级编码结果中的主范畴进行逻辑归纳，进一步提炼出案例资料的核心范畴，最终完成研究的理论建构工作。

（三）跨案例分析和效度检验

基于案例研究的基本要求，各案例资料的收集工作同数据的初步分析工作同时开展。在对第一个案例的资料进行前期的标签化分类后，将得到的概念和初步范畴与下一个案例进行融合，以期得到更加清晰的质性研究材料。同样的工作进一步向后开展，直到完成所有案例的资料收集工作。在所有案例资料的开放式编码工作完成之后，再重新审看所有的案例原始材料，通过对各案例之间的关联和逻辑进行再次对比和挖掘，最终完成研究的理论构建工作。在此过程中，借助 NVivo12.0 软件实现了高效的数据分类、展示和查询工作，其起到了重要的研究辅助作用。

研究还利用三角法进行交叉验证，保证了资料分析结果的效度。一方面，通过直接访谈、间接观察以及第三方资料的方式，实现了案例资料来源的“三角交叉”，保证了资料来源的有效性；另一方面，通过划分三个小组独立编码的方式，实现资料编码的三角交叉，确保研究过程和最终结果的效度达标。

第三节　案例背景

一、快手

快手是国内知名的短视频平台，用户能够在平台上生成短视频内容并发布和分享，同时也可以观看其他用户制作和发布的短视频内容，是典型的视频类 UGC 平台。快手短视频于 2021 年 2 月在港交所成功挂牌上市，成为国内第一家上市的短视频平台。

（一）发展历程

快手成立于 2011 年 3 月，发展期初是一款以制作 gif 动图为主的应用程序。在“gif 快手”时代，快手的 gif 动图都是传播于微博，基于微博的发展红利，gif 动图得到了爆发式传播，作为制作工具的“gif 快手”也抓住了这个机遇。然而在享受完微博、人人网等社交平台红利，完成了初始用户积累后，快手开始感受到了作为工具类应用的可替代性，危机感让创始人团队认识到转型的迫切性，如果等用户体量进一步上升再进行转型将很难扭转用户认知。

于是“gif 快手”开始了两年的“痛定思痛”和转型布局。2011 年 11 月，“火热 GIFshow”模块上线，标志着快手向社区转型的开始。然而社区板块运营力度的加大并没有为公司带来实质性的效果，用户对“gif 快手”工具类应用的认知思维很难扭转。大半年的社区模块运营下来，用户的反响并不显著。但快手的转型决心坚定，2012 年 11 月上线 V3.40 版本，在新的版本中强行推进社区路线，将“社区”作为产品的核心模块开展运营。新版本初期不仅没有正向扭转用户认知，反而造成了老用户的反感，“恶评如潮”的后果是产品的日活跃用户（DUA）丢失率一度上升至 90%。经过了 8 个月的艰难运营和不断的产品迭代，快手的社区化转型才显现出一定的成效。

2013 年夏天，创始人程一笑与宿华正式见面，这次见面被业界看作快手转型的重要节点。而后，“gif 快手”正式开始走短视频路线，成立短视频社区并将 App 名称正式改为“快手”。宿华的到来为快手带来了“算法推荐”的内容分发技术，2014 年初正式上线的推荐算法为快手带来不到半年日活跃用户突破百万的增长，次年 1 月更是增长至 1000 万日活跃用户，实现了一年超过 100 倍的超级增长速度。在明确了发展战略后，快手以稳定的步伐向着头部企业迈进。2016 年 2 月用户数突破 3 亿，2017 年 1 月日活跃用户突破 5000 万，同年 11 月超过 5 亿注册用户。2018 年 6 月快手全资收购 Acfun 公司，进一步扩大其在网络视频领域的竞争优势。2021 年 2 月，快手正式在港交所挂牌上市，市值约 600 亿元人民币。

（二）内容问题及其治理情况

在“gif 快手”时代，其主体用户就是一群热爱动图的创意制作者，幽默和恶搞是 gif 动图的特点，其内容也多具有叛逆、活力的年轻气息，“草根”也成为了其用户群体的标签。

程一笑和宿华运营快手的初心就是“普惠”，希望通过建立去中心化的内容平台，实现“提升每个人的幸福感”的愿景。最初的“不转发”原则就是遵循这样的原则，快手认为一旦转发就会凸显头部效应，对普通大众就无法做到公平。在之后的去中心化算法推荐下，平台的定位一直是“普惠大众”。然而普惠大众的“衍生品”就是内容质量的不可控。用户群体差异性的扩大也放大了内容质量的差异性，各色“博眼球、追流量”的低俗内容一度充斥着平台，快手一度被贴上了“low”的标签。舆论的矛头也多次指向了快速发展的快手 App。

2016 年，一篇题为《残酷底层物语：一个视频软件的中国农村》在网络上广泛传播，文章对快手短视频平台上的一些视频内容进行了抨击，特别强调了底层用户为了博眼球所进行的一些恶搞、低俗甚至自残等不良内容生成与分享行为。文章一度将快手送到了公众关注的焦点位置并对平台企业的价值观和定位进行了标签化。而之后的 2018 年 4 月 2 日，央视《新闻 1+1》曝光了快手等短视频平台涉及的“未成年少女妈妈”“全网最小二胎妈妈”等不良内容，《人民日报》点名批评其造成的社会影响。这些事件让快手真正认识到了内容质量问题和治理的重要性。快手 CEO 宿华亲手书写相关事件的道歉信，并将其公布在平台官方网站，以表明进行内容治理的决心。随后，快手从自身内容审核团队的整合入手，加大了人工审核力度，重点从用户身份信息等源头入手开展内容质量把控，通过限制平台使用功能等强制手段进行严格把关；同时，借助人工智能和算法技术，实现 AI 机器技术与人工操作相结合的审核手段，实现平台内容的有效治理。

二、知乎

知乎是国内最大的问答型网络平台，主要包含用户提问、回答、专业知识或经验分享、相关事件简介等方面，内容的形式主要以文字和图片为主，是一个典型的图文类 UGC 平台。知乎经过 10 年的稳健发展，于 2011 年 1 月在美国纽约证券交易所（以下简称纽交所）挂牌上市，成为国内最早一批问答型的上市平台公司。

（一）发展历程

2010 年，知乎创始人周源从国外问答社区 Quora 获得灵感。那时的中国互联网已经有了自己的大型搜索引擎等网络平台，然而却没有类似 Quora 这样的能够让用户将自己的知识、想法、经验等展示出来的网络空间。于是周源提出创办中国的网络问答社区，同年 12 月，知乎网站开放。一开始的知乎网站是邀请制。“邀请+认证”的注册模式使知乎平台在创立初期保证了其用户群的较高水平，然而限制性的注册方式也制约了平台发展的网络效应，在内容生成端几乎没有去中心化的程度，其 UGC 平台特性还未完全成型。

2013 年，知乎撤销邀请制，向网络用户开放注册，同时开放了网页的访问方式。两项策略实施之后，其用户量得到了 20 余倍的增长，到 2014 年 10 月，其注册用户从 40 万增长至超过 1000 万。

之后，知乎一直秉承着“温和”发展的战略思路，直至 2016 年发展开始提速，先后推出了“知乎 LIVE”、“知乎书店”以及付费问答“值乎”等产品，通过内容价值变现模式加速平台发展。2017 年 1 月，知乎官方宣布完成了总计 1 亿美元的 D 轮融资，该轮融资过后业内估计知乎总计市值超过 10 亿美元，正式进入互联网独角兽企业的行列。

2018 年 3 月，知乎遭遇内容危机，被多家应用平台叫停、下架。2018 年 3 月 2 日，北京网信办发布通知，称知乎 App 因涉嫌传播违规信息，被责令下架 7 天进行整改。同年 4 月，知乎升级用户权益保护政策，通过版权保证行动促进平台内容规范、标准，提升平台内容质量。

2019 年，知乎上线直播功能，实现用户在线实时问题解答和经验分享，至此知乎完成了以图文类 UGC 为主，结合线上广告、付费会员、商业内容、在线教育、内容电商等在内的 UGC 大生态。2020 年 8 月，知乎总市值预估超过人民币 200 亿元，排在《苏州高新区·2020 胡润全球独角兽榜》第 108 位。2021 年 3 月 26 日，创始人周源在美国“敲钟”，知乎正式在纽交所上市，上市当天市值达 47.51 亿美元，折合人民币约 308 亿元。

（二）内容问题及其治理情况

知乎最初的创业思路来源于美国的 Quora。Quora 是一款“大隐隐于市”的科技创业者们用来分享知识的平台，平台用户自由度很高，可以提出任何想问的问题并可以回答任何自己感兴趣的问题，类似于用来交流相关问题的科技博客。知乎最初的想法就是做这样一个知识分享平台，可以分享各行各业的专业知识和奇闻异事。为了保证内容质量，获得优质答案，最初知乎采取的是“封闭邀请制”，这种邀请制吸引了包括李开复、王小川、徐小平等在内的互联网界和投资界的知名人士，不仅提供了优质答案，而且为平台带来了专业度和广告效益。在知乎创立的40天里，200位用户创造了8000个问题和2万个回答，高质量的内容不断吸引更多用户进入和留存，而部分用户也转换为创作者。

知乎由邀请制转变成注册制之后，用户瞬间从40万增长至400万，内容质量的高要求与社区文化的形成逐渐让知乎成为高知阶层的应用。知乎从创立开始就秉承了优质内容的理念，与互联网内容行业初期的高速发展路径截然相反，不推崇流量至上思路，而是努力践行其“与世界分享知识、经验和见解”的内容运营战略，旨在构建一个崇尚专业、尊重知识、乐于分享的问答平台，在各行各业具有热情钻研精神和专业知识用户的主动分享下，推动平台优质内容的生成。

然而，盈利模式的缺陷让知乎不断亏损，靠融资度日和“文火慢炖”的发展速度给管理层和投资方带来的压力越来越大。因此知乎在2016年启动商业化，推出会员体系，在知识付费领域大肆布局，“盐会员”“知乎LIVE”等相继面世。过快的市场化操作，使平台用户群体的不可把控性以及内容去中心化程度都快速提升，内容质量受到一定影响。同时，随着知识付费的兴起，竞争者蜂拥而至，“高知大V”的身价水涨船高，被其他平台不断挖走，“大V”的离去也导致内容质量的下滑，贩卖焦虑、碎片化的低质知识充斥其中。

面对出现的内容质量问题，知乎在一步步的摸索中逐渐明晰了自身的内容治理之路。其一，知乎通过构建用户与用户之间的弱联系网络，形成了以“大V”为网络中心的知识传播模型。通过“大V”的前期带动，构建起相关的主题内容社区，并以此不断邀请和吸引相关领域的其他精英入驻。在高水准入驻用户的相互推动下，提升问答两端的总体质量，增强平台用户粘性，实现良性循环态势。其二，强化社区规范，通过制度和技术双结合，强化平台对低质内容的审核与把关能力。2017年初，知乎内部上线一款名为“瓦力”的内容审核机器人，通过算法技术对平台上恶意中伤、灌水、标签化问题等不良内容进行识别和处理。通过上述行动，知乎在不影响用户体验与社区氛围的情况下逐渐实现内容经营的扭转。虽然追求高质量内容的运作方式有“拖慢”知乎发展的嫌疑，但是其高质量的内容有其价值：这与我们平时刷到的爆款内容与视频不同，一次热点只会带来近期增量，而高质量内容却可以不断吸引流量，这也正是知识的魅力所在。随着内容价值不断积累，知乎运营的高成本现象在未来会得到改善。

三、荔枝

荔枝是一款以用户生成并分享声音内容为主的网络平台，是典型的音频类UGC 平台。这种运营模式打破了原有的有声内容生产与收听相隔离的音频商业模式，实现了普通用户在平台上自主生成歌曲、有声书、电台直播等音频内容并进行发布和分享的功能，以“用声音记录和分享生活”的理念构建了一个月活跃用户近 6000 万的“声音社区”。2020 年初，荔枝成功在美国纳斯达克交易所上市，成为我国音频平台第一股。

（一）发展历程

创立初期的荔枝与知乎有几分相似，都是通过邀请的形式组建了初始的高水平用户群体。依托这些有人气的播客用户，荔枝建立起了与微信公众号的合作路径，通过播客与用户的互动和后续的内容推送，成功将近 100 万用户“收入囊中”，一举成为当时备受欢迎和好评的音频分享平台。依托初期的主播与用户积累，首款荔枝平台应用于 2013 年 10 月上线，注册用户通过移动端软件就可以实现音频内容的录制、修改与上传分享，真正开始了其助推每一个用户都能实现声音主播梦想的道路。在荔枝“普惠大众”的运营理念下，平台实现了不到半年突破 1000 万注册用户的战绩，并相继获得了多家主流投资机构的青睐，在 C 轮融资中得到了来自小米科技等 4 家投资机构的 2000 万美元的注资。随后荔枝不断进行产品迭代更新，逐渐丰富其平台作为 UGC 导向的产品功能，包括私人主播、智能推荐、电台直播等方面，通过对内容生成用户的音频处理等技术赋能，特别是 2016 年末上线的音频直播功能，荔枝实现了实时在线主播与用户互动反馈，逐渐帮助普通用户实现了电台主播的梦想。

借助良好的运营模式与内容理念，荔枝吸引了一大批知名主播和明星的入驻，一时间获得了良好的行业口碑。至 2017 年，荔枝总注册用户突破 1 亿人次，坐上了其国内用户生成型音频平台第一把交椅的位置。经过 2018 年 D 轮融资后，荔枝制定了重大的品牌升级战略，目标就是瞄准 IPO 上市。2020 年 1 月，荔枝顺利登陆美国纳斯达克交易所，成为国内 UGC 音频平台第一股。

（二）内容问题及其治理情况

荔枝成功的关键在于将音频录制和电台直播的门槛通过技术赋能有效地降低，简化了烦琐而专业的录音、修音等操作流程，帮助普通用户实现了当电台主播和声音大咖的梦想。然而其普惠化的运营模式也为平台内容质量带来的较大的隐患，平台上的争议内容不断出现，给治理工作带来了严峻的考验。

关于平台内容质量的问题引起了企业的重视，荔枝也一直在积极采取措施展开治理。2018 年 9 月，荔枝作为广东省互联网科技的代表企业参与了广东省网信办主办的“2018 儿童互联网大会”，并在会上签订了《儿童互联网大会网络安全约定公约》，表达了平台积极参与网络信息内容安全建设工作、维护网络空间清朗的社会责任态度。一个月后，荔枝内容安全中心正式在广州市成立，安全中心通过构建内容审核团队，以内容规范制定、内容安全把关为核心任务，旨在提升平台在内容质量审核中的工作效率与准确性。荔枝内容安全中心的成立表明了平台在高速发展阶段主动履行社会责任，构建清朗网络内容生态的态度，同时也为企业稳健成长、行业健康发展提供了保障机制。在人员配备与制度保障的基础上，荔枝也积极开展“大数据+AI 算法”的智能审核技术研发与布局，为更大体量的内容审核工作提供技术支撑。

第四节　案例资料分析

一、各案例开放式编码

本书首先采用开放式编码过程，对案例企业收集到的全部资料进行数据检测，将原有的繁杂、密集的大体量数据进行初步的分类和命名。这一过程主要包含了对资料展现的表面现象进行识别和划分，并对划分的类别进行命名两个重要步骤。可以用“贴标签”对上述步骤进行概括，即将原始资料中的大量数据进行拆分、细化，对每一个句子或词语可能出现的分类进行识别，对其以所命之名进行标签化，实现数据资料（包含现象）的概念化。

本书通过对 3 个案例企业的所有资料进行初步筛选和“贴标签”工作，共得到了 314 个基本概念，掌握了对原材料内容总结性的概况。在对所得到的基本概念进行同质化归纳后，最终形成了 121 个初始范畴。由于篇幅有限，完整的开放式编码过程不进行赘述，仅通过表 4.4 对部分示例进行展示。

表 4.4　部分初始范畴示例

原始资料	初始范畴
Cf_{11}我们现在推出的“荔枝房”模式就是要主动帮助主播打榜，进一步激励主播生成更优质的声音	s11 平台帮助主播打榜
Be_{25}快手实施“光合计划”对优质内容生成用户提供近百亿元的流量补贴	s12 平台对用户的流量补贴
Cc_{17}降低录制门槛，听众可以给平台投稿并成为录制素材	s21 运营策略提高内容质量
Cf_{38}我们与主播一起设计互动功能，帮助主播实现与用户的优质声音互动	s22 平台对优质声音的扶持
Bf_{13}在对不良内容的审核上，我们发现往往会出现“我进敌退、我退敌进”的“游击问题”，很不好把握	s23 激发优质内容的必要性
Bg_{31}通过技术支持降低内容生成门槛，一定比手把手教他怎么做要更好	s24 提供内容生成技术
Cf_{20}我们把人工智能技术应用到音乐制作上，实现智能编曲、自动配乐等背景制作功能	s25 技术助推优质内容生成
Bg_{6}对于 UGC 平台要想通过内容审核完全规避内容问题的出现是不太可能的，主要是因为内容体量大且内容形式的多样化造成	s31 被动审核的困难要求平台做出补贴
Ag_{11}对内容生态的治理更多的是与“黑产”的较量，仅仅被动检测很容易陷入被动的境地	s32 对内容治理的被动劣势
Ae_{10}社区会引导大家形成一种氛围，让大家非常想去展示真实有趣的东西，而且对“真”的要求非常高	d11 引导用户生成真实有趣的内容
Af_{18}我们一直认为即使在发展初期，声音的质也比量重要，是可以将平台快速传播出去的	d12 对优质内容的倾向
Ac_{27}也正是因为不能转发，用户需要自己去生产和分享自己最真实的生活	d13 鼓励用户生成优质的内容
Cf_{31}我们在初期引入专业的策划人帮助有才华的主播，让他们更好地起到示范作用	d21 帮助头部用户发挥示范作用

续表

原始资料	初始范畴
Bc_{15}平台造就了我，我也会继续留在平台为其他用户提供力所能及的帮助	d31 头部用户的带动意愿
Cf_{17}我们建立了“播客学院”，引导优质用户对其他用户的内容制作提供帮助	d32 引导头部用户带动行为
Be_{9}平台用户身份得到认证，其内容也可以被优先推送	r11 对用户的审核先于内容的审核
Ag_{31}基于内容形式的变化，知乎也在不断地调整自己的社区规范	r21 审核标准的变化
Bf_{20}在国家网络安全要求的基本要求之下，我们会给用户最大的自由度，做好内容合规与用户体验的平衡	r22 法规红线上包容性的治理
Ce_{12}每个平台都有自己对内容审核的规范和标准尺度	r23 平台有一定的审核标准
Bg_{15}对不良短视频内容当不触犯法律法规的情况，将会酌情处理	r24 对不触及法规红线的内容酌情考虑
Be_{32}对于违规内容的认知性问题，应当以法律法规为红线，在此基础上根据客户的实际需求制定规则，这是需要不断沟通优化的	r25 在法规红线上尽量考虑用户需求
Ce_{20}可以根据不同的场景，制定审核严格程度不同的标准，提高用户体验	r26 审核严格程度的调节
Af_{41}我们希望我们的审核系统是一个有温度的技术，既要提高审核的准确性也要提升与用户交互的感知设计	r27 对内容审核要考虑到包容性
Bf_{47}我们会积极更新算法技术，对国家的法规政策进行响应	r31 算法响应内容审核底线
Bf_{50}普惠的理念是不干涉每一个用户的内容自由，只要你的内容不触犯法律，不违背公序良俗，就会给你展示的机会	r32 内容审核的底线
Af_{21}对于违反内容规定的用户，我们实行第 1 次警告、第 2~4 次给予 1~7 天的禁言、第 5 次就会永久封号的处罚措施	p21 不同情况下的处罚方式
Bg_{27}他们（MCN 机构）中间也有过违规情况，经历过被平台封号等	p31 平台对中介机构的封号处罚
Af_{61}平台官方经常会有专人同 MCN 机构通话，提醒他们哪些用户遇到了问题，并与之一起沟通解决方案	i11 平台与中介机构的经验共享
Be_{41} 2018 年 7 月，快手正式开始对 MCN 机构的扶持计划	i12 平台对中介机构的扶持导向
Be_{43}与 MCN 机构的合作对于内容生成生有着很重要的意义	i31 中介机构的作用

续表

原始资料	初始范畴
Cf_{28}目前，我们除了严把内容质量关以外，还要求 MCN 机构签约用户注意引导粉丝的关注	i41 中介机构对头部用户的管理
Af_{29}我们一方面提高问题和回答的多样性，另一方面降低用户使用门槛，开始走下沉路线	m11 下沉性的内容分发机制
Ac_{41}知乎上没有所谓的“大 V”，只有“优秀回答者”，想得到这个称号只有提供专业、优质的回答内容	m12 平台对优质内容用户的认定
Bf_{17}我们十分关注每名用户的感受，尤其是容易被忽视的大多数人	m21 关注普通人
Bf_{23}我们强调的是问题而不是“大 V”，是一种去中心化的属性	m31 内容分发的去中心化
Bf_{43}我们在进行流量匹配的时候，特别注意不被关注的人群，即使是需要损失一些效率	m32 以效率换取普通人的权利
Ce_{3}在内容分发上，荔枝采取“智能推荐+人工推荐”的方式，加上同城模式，实现了对长尾内容的分发	m41 对长尾内容的分发方式
Bc_{61}我记得快手初期是不做转发的，只要你有一个内容，他一定会给你展示出来，这就是一个基于平等的逻辑	m42 分发内容的公平逻辑
Bc_{63}我平时都会用快手的同城功能，在那里能够看到本地的生活和趣事儿	m43 同城分发算法
Cf_{8} 我们上线的小助手功能，对于用户的需求反馈给予了很好的帮助	u21 平台对用户偏好的把握
Af_{11}我们要做的就是把规则设计好，之后用户就可以凭借他们自己的能力和方法去完成他们该做的事，最终实现“化学反应”	u41 培养用户自发行为
……	……

注：原始资料代码中的大写字母代表所属案例，小写字母代表资料来源，如 Bd_{23}代表 B 案例快手中来自平台企业的第 23 条资料；初始范畴用代码 x11、x12……表示。

二、各案例主轴式编码

主轴式编码是对初始编码进行分析和归纳，探索其中的逻辑联系。通过扎根理论的主轴式编码过程，能够对开放式编码过程中得到的初始范畴进行故事线梳理，最终找到对应的副范畴和更深入的主范畴及其之间的关系。主轴式编码的故事线梳理与范畴总结步骤具体如下：①梳理案例数据资料以及初始范畴中的故事链，通过“条件—行为/互动—结果”的思路梳理方式（陈向明，

2000)，找到各初始范畴之间的内在机理和逻辑关系；②将初始范畴以及归纳得到的相应主副范畴之间的关系进行描述刻画；③验证初步得到的范畴关系，并进一步补充、完善相关范畴关系。

通过上述“条件—行为/互动—结果”的逻辑模型，对案例资料以及初始范畴所描述现象进行分析，了解现象背后的特定情境，探索情境中的行为与互动，最终得到其相对应的结果。例如，对于“p21 不同情况下的处罚方式”“p31 对中介机构的封号处罚”等初始范畴来说，其满足 UGC 参与主体在内容审核环节中发现问题后的一系列行为及其后果这一“条件—行为/互动—结果”逻辑下的故事链：由于部分 UGC 内容生成用户的机会主义思想和“搭便车”行为，UGC 出现内容同质化严重或低俗、涉黄等质量低下的内容，UGC 参与主体特别是 UGC 平台根据既定制度或相关法规，对生成低质内容的用户以及其相关的 MCN 中介机构进行处罚，处罚措施包括了对用户奖励数额的调整、限制用户的平台功能甚至对其账户的使用进行限制；还有对 MCN 机构的处罚如调整与其合作的条款甚至取消合作、扣除其保证金；此外还包括了将用户或 MCN 机构拉入黑名单等处罚，并最终形成不同的处罚力度。因此这些初始范畴在“条件—行为/互动—结果”的逻辑思路下，通过副范畴的过渡，最终归纳为一个新的主范畴——“P 处罚力度”。

再如，对“m21 关注普通人”“m31 内容分发的去中心化”“m43 同城分发算法”等初始范畴来说，满足 UGC 参与主体在内容分发环节出现用户不匹配问题后，一系列行为及其后果这一“条件—行为/互动—结果”逻辑下的故事链为：由于 UGC 内容生成用户和内消费用户之间的信息不对称原因，双边用户无法实现适度的匹配，UGC 平台通过构建和发布合理的双边用户评价指标，使双边用户能够在其用户偏好和对方的评价值之间做出决策，从而形成合适的匹配组合，进而提升内容质量的感知度，最终实现内容生成用户的参与度以及内容消费用户粘性的双提升效果。UGC 内容生成用户和内容消费用户正是在 UGC 平台的评价指标下得以调整和感知自我满意度并反馈给 UGC 平台，从而实现有效的双边匹配。因此，这些初始范畴在“条件—行为/互动—结果”的逻辑思路下，通过副范畴的过渡，最终归纳为“用户满意度”这一新的主范畴。

基于上述方法和思路，对所有初始范畴进行逻辑归纳，最终得到了相关的副范畴和主范畴，如表 4.5 所示。

表 4.5　副范畴和主范畴归纳

副范畴	主范畴
S1 流量扶持、S2 优质内容补贴、S3 带动业务补贴	S 补贴力度
D1 合规宣传、D2 业务传授、D3 “老带新” 模式	D 带动效应
R1 无差别审核、R2 适度审核、R3 内容规范底线	R 审核强度
P1 奖励调整、P2 功能限制、P3 账户限制、P4 合作调整、P5 保证金制度、P6 黑名单模式	P 处罚力度
I1 技术扶持、I2 数据共享、I3 风险共担、I4 共同管理	I 中介协同效应
M1 头部用户曝光、M2 普惠大众、M3 资源倾向、M4 算法公平	M 匹配限度
U1 内容质量、U2 用户偏好、U3 评价指标、U4 用户参与度、U5 用户粘性	U 用户满意度

注：副范畴用代码 X1、X2……表示，生成的 7 个主范畴用 S、D、R、P、I、M、U 表示。

三、多重案例选择性编码比较

选择性编码过程就是将上述主轴式编码过程中得到的主范畴进行整合，以故事链形式将其整合到相同的概念框架中，从而得到进一步精练的核心范畴，并对核心范畴与对应的主、副范畴之间的关系进行分析探讨，构建出其因果关系的简化模型（Corbin 和 Straus，1990），最终展现主要概念与各范畴所建立起来的关系结构。因此，本部分将基于上述范畴的归纳逻辑，对所有七个主范畴含义和特性进行展开分析：

（1）主范畴“补贴力度”体现了 UGC 平台对于内容生成端用户的导向性补助，其副范畴包括“流量扶持”“优质内容补贴”以及“带动业务补贴”，分别指向了平台对高质量内容生成用户的支持以及激励用户生成优质内容的奖励，同时还包括通过对积极开展优质内容分享等带动内容生态整体向好的用户行为予以的奖励，这些补贴行为有别于在 UGC 内容问题出现后的被动治理措施，体现了 UGC 参与主体在进行内容治理时积极主动的态度导向。

（2）主范畴“带动效应”包含了三个副范畴，分别是“合规宣传”“业务传授”和“‘老带新’模式”，体现了 UGC 头部内容生成用户通过自身的资源和经验优势，在优质内容生成上对腰尾部内容生成用户的带动作用。

（3）主范畴“审核强度”是 UGC 参与主体在内容审核方面的一个重要概

念，这一范畴涵盖了“无差别审核”“适度审核”以及“内容规范底线”三个副范畴，描述了在出现 UGC 低质内容后，UGC 平台对内容生成用户、UGC 平台对 MCN 机构以及 MCN 机构对内容生成用户的多点审核过程。在此过程中，存在多样性的审核标准，有以最强程度的审核标准进行内容审核的“一刀切”式“无差别审核”，也有具体情况具体对待的“适度审核”，而不同审核标准都是在以最基本的内容规范为底线（“内容规范底线”）的前提下进行的。

（4）主范畴“处罚力度”则代表了在对应的审核标准下，对发现的内容违规行为进行的处罚，包括 UGC 平台对内容生成用户、UGC 平台对 MCN 机构以及 MCN 机构对内容生成用户的处罚，基于处罚力度的强弱以及对象的不同，对应了其附属的“奖励调整”“功能限制”“账户限制”“合作调整”“保证金制度”“黑名单模式”六个副范畴。

（5）主范畴“中介协同效应”所指的是 MCN 机构作为内容生成端重要的合作伙伴与 UGC 平台的协同作用。MCN 机构在 UGC 平台和头部内容生成用户之间起到了中介桥梁的作用，能够为 UGC 平台分摊内容治理成本并与平台共同承担风险，即“共同管理”与“风险共担”。同时，UGC 平台为了提升 MCN 机构的能力，最大化其作用，也会为其提供技术和数据方面的帮助，即“技术扶持”和“数据共享”。

（6）主范畴“匹配限度”包含了“资源倾向”“头部用户曝光”“算法公平”和“普惠大众”四个副范畴，体现的是在内容生成用户与内容消费用户的匹配过程中，UGC 平台在技术手段以及价值观的作用下对流量资源的分配导向和“资源倾向”。当 UGC 平台将资源过度倾向头部用户时就会出现“头部用户曝光”的情况，相反也会出现基于“算法公平”而形成“普惠大众”情况。

（7）最后一个主范畴是“用户满意度”，UGC 参与主体的满意度既包含内容生成用户的满意度，也包含内容消费用户的满意度。“内容质量”是内容消费用户满意度的重要指标，而内容生成用户也更希望有相同“用户偏好”的内容消费用户匹配到自己的内容，双方的满意度都会影响自己的“用户参与度”（内容生成用户）和“用户粘性”（内容消费用户）。而这中间平台提供的“评价指标”成为用户标的自身感知满意度的重要参数。

通过对七个主范畴的深入分析能够看出，“补贴力度”和“带动效应”具有方向的一致性，其指向的均是在用户生成内容之前的治理行为，是一种积极主动对优质内容生成的引导和激发行为，可以将其归类为“主动性治理”；同样地，“审核强度”“处罚力度”“中介协同效应”都是UGC低质内容出现后的内容审核环节，故将三者归类于“包容性审核”；最后是“匹配限度”和“用户满意度”这两个范畴，都包含了在UGC内容分发环节的用户流量与内容的匹配问题，将其归纳为“去中心化匹配”。

至此所有案例资料的编码工作完成，资料编码的汇总情况如图4.4所示。

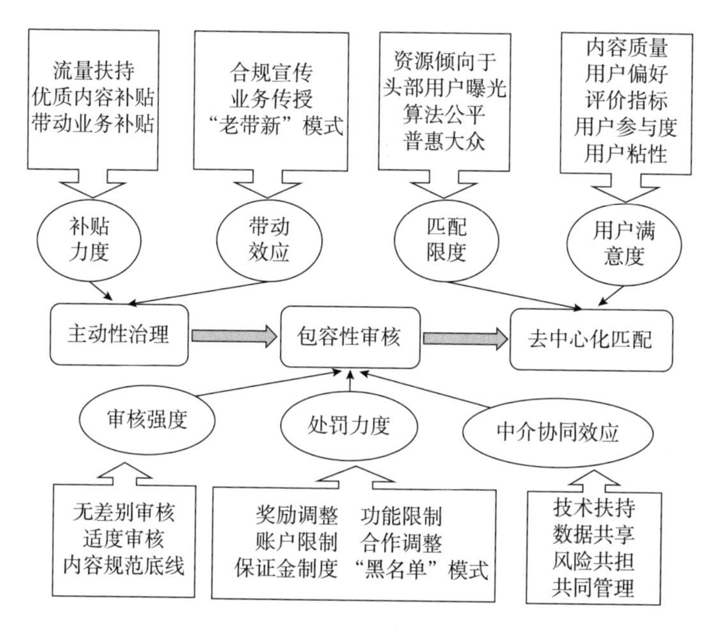

图4.4 资料编码图

资料来源：作者整理。

第五节 研究发现与模型阐释

基于上述对案例资料和数据的扎根理论研究，通过对所得范畴的分析并结合前期的文献梳理，本书归纳得到了两个核心问题的理论模型，分别是UGC参与主体的治理模型及其实现路径。

一、UGC 参与主体的治理模型

基于上述案例分析，我们发现 UGC 的五个参与主体（UGC 平台、头部内容生成用户、腰尾部内容生成用户、内容消费用户、MCN 机构）作为行动者，其相互之间的交互行为，以及由此产生的三组闭环的行动情景（主动性治理、包容性审核、去中心化匹配），共同构成了 UGC 参与主体的治理模型，如图 4.5所示。

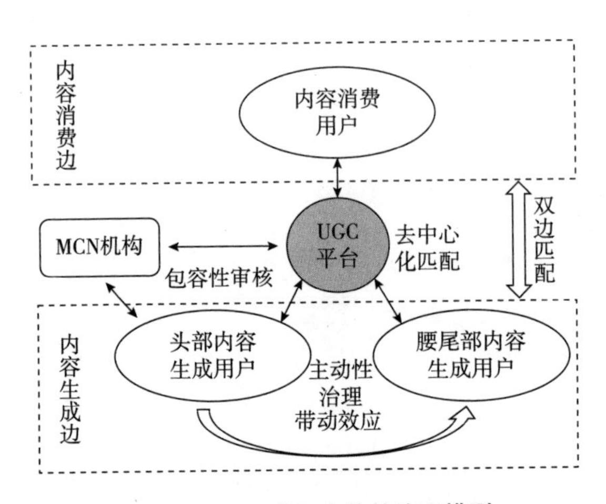

图 4.5 UGC 参与主体的治理模型

资料来源：作者整理。

（一）UGC 参与主体治理倾向主动性治理

实践证明，对内容质量问题的事后治理无法达到有效结果。UGC 的内容质量问题是其治理的核心问题（顾润德和陈媛媛，2019），在内容质量问题方面，UGC 平台一直都在积极履行其“把关人”责任（West，2017），通过对平台信息内容的审核把关实现治理目的。从 2018 年起，快手、头条等 UGC 平台纷纷扩大其本就不小的审核团队，同时各大平台也在积极推进机器算法和人工智能的技术审核手段（朱巍，2019）。但是事后治理也显现出了一定的困难和问题：一方面，在内容数量井喷式增长以及内容形式更加丰富的背景下，高额的人工成本以及机器技术的价值观缺陷使得被动审核的难度越来越大，跟随型监管技术也很难有效满足信息把关和处置需求，导致内容管理显得较为滞后和低效（谢新洲，2019）；另一方面，事后审核也面临着诸多不良影响，如人工审核的不当操作或者机器智能化程度等问题所造成的勿审错删等情况，不仅对 UGC 其他参与主体造成一定的体验影响（Jhaver 等，2019），同时还会造成一定的社会舆论影响以及大众对机器算法审核的不满（Gillespie，2018）。从对案例资料的编码分析中能够看到，UGC 参与主体的主动性治理倾向得到了不同案例企业印证，例如，知乎平台通过社区引导构建用户展示真实有趣内容的氛围（Ae_{10}）；快手平台实施“光合计划”，对优质内容生成用户提供近百亿元的流量补贴（Be_{25}）；等等。

鉴于不同的规范、平台的交叉成员关系以及实现公平性的需要，对 UGC 内容问题的治理是一项复杂而艰巨的任务（McGillicuddy 等，2016），单一的被动治理会面对更多的不确定性。各参与主体越来越清晰认识到，优质内容的主动激发才是治理 UGC 内容问题更为有效的途径。平台补贴是正面激励的一种有效手段，国内外的许多研究都分析了平台补贴的激励效应（Li 和 Huang，2019；胡东波等，2016；张翼飞和陈宏民，2020）。主动性治理的含义就是相对基于负面清单的内容治理而言的，是对 UGC 优质内容的主动激励和诱发。从对案例资料的编码分析中能够看到，UGC 参与主体的包容性审核同样得到了不同案例企业的印证，例如，知乎平台基于内容形式的变化不断调整自己的社区规范，实现审核标准的变化（Ag_{31}）。

（二）UGC 参与主体治理体现包容性审核

UGC 内容问题的治理要体现两种价值向度，即“安全”和“发展”（何明升，2018），二者在治理的过程中相互矛盾又相互促进，体现出内容治理的辩证统一。UGC 平台既要谋求长远发展，更要确保内容安全，安全是治理最基本的向度。国家提出加强网络内容建设、建立网络综合治理体系，其根本目的就是要在传播正能量和内容管控下，营造清朗的网络空间，建设良好的网络生态，这是一种审慎包容的治理态度。

包容性治理理念（许立勇和高宏存，2019）就是提倡在保证安全底线的基础上优先发展，落实在 UGC 参与主体治理的具体范围内，对内容审核的环节就成为其重要的理论实践空间。审核上的包容性，一方面是强调对审核内容的法律和道德红线不能碰，另一方面是提倡在可控范围内调节审核强度。此外还涉及与中介机构的合作管理。至于包容性审核基调能否实现自上而下的始终贯彻，直接与内容生成用户接触的 MCN 机构成为重要的一环（彭正银等，2020）。UGC 平台与 MCN 机构的合作共赢、互帮互助等交互关系，成为 UGC 参与主体治理的关键行动情境之一。

（三）UGC 参与主体治理提倡“去中心化”匹配

“去中心化”（Decentralization）发源于互联网发展的过程中，是相对于“集中化”而言的一种新趋势（Sheng 等，2018）。Baran（1964）认为，“去中心化”是对中心节点的“降权”操作，即没有强制性中心控制、所有节点自治和节点之间高度连接。这意味着去中心化就是要消除平台看门人角色，让更多用户进入系统中去（Schneider，2019）。UGC 参与主体自主治理中的去中心化匹配同样得到了不同案例资料的印证，例如：快手平台更是积极开发同城功能等算法分发技术，实现普惠分发目的（Bc_{63}）。

在大数据、云计算、核心算法等技术的帮助下，UGC 平台具有个性化分发用户生成内容和指向性分配流量资源的能力，从而实现了对内容生成用户和内容消费用户的主动匹配。然而，由于平台价值观和技术能力等因素的影响，UGC 双边的内容生成用户和内容消费用户之间的匹配并不一定能够达到较好的效果，最直接的表现就是双边用户的满意度不足，用户越来越受到算法分发造成的“信息茧房”等问题的影响（郭小平和秦艺轩，2019）。

一方面，内容消费用户会根据其对内容分类、内容传播量、他人评价等指标的偏好，来判断所匹配到的内容生成用户是否令其满意；另一方面，内容生成用户也会对分配给他的内容受众有不同的满意度，不同内容消费用户的来源、注册年龄、使用时长等指标都有可能影响到对其内容的评价情况。机器算法决策应当是为组织决策和治理提供辅助的（Jarrahi，2018），“去中心化”的匹配就是通过降低平台算法匹配的权重，将匹配主动权最大限度地还给 UGC 的双边用户，有效实现 UGC 参与主体治理。其中，UGC 平台充分发挥其辅助作用，为内容消费用户和内容生成用户提供合理有效的匹配途径，为实现 UGC 参与主体治理构建重要的行动情境。

二、基于信息链的参与主体治理实现路径

通过对 UGC 参与主体治理模型的分析可见，UGC 平台、MCN 机构、头部内容生成用户、腰尾部内容生成用户以及内容消费用户共同构成了参与主体治理的行动者，他们通过在治理中不同行动情境下多重角色的交互作用，产生了不同模式的互动关系，即 UGC 内容生成前的治理情境（主动性治理）、UGC 内容生成后的审核情境（包容性审核）以及 UGC 内容分发情境（去中心化匹配）。

UGC 参与主体治理的三种行动情境并不是相互孤立的，UGC 平台在其中起到了关键的中间作用，将每一种行动情境相互关联起来，而 UGC 信息链则构成了串联行动情境的重要链条。张培超（2016）提出，在演进的过程中内容产品的内在结构是较为稳定的，可从“内容—渠道—用户”三个环节所构成的产品结构链条来对内容产品的属性加以认知。正是在这样的内容结构链下，本书沿着 UGC 内容信息的“生成—审核—分发”传播途径，将 UGC 参与主体治理的三种行动情境和互动模式串联起来，构建了基于信息链参与主体治理实现路径，如图 4.6 所示。

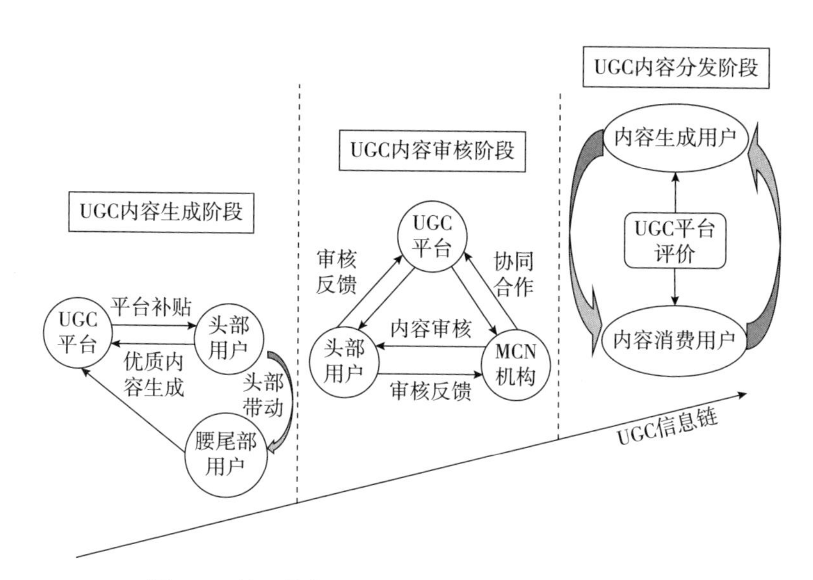

图 4.6　基于信息链的 UGC 参与主体治理实现路径

资料来源：作者绘制。

（一）UGC 内容生成阶段

在 UGC 信息链的内容生成阶段，UGC 平台与内容生成端的头部用户和腰尾部用户三个参与主体治理的行动者构成了主动性治理情景的模式闭环。前文分析过，UGC 平台在内容治理上因采取被动的事后审核而遇到困境，从而倾向于采取激发用户生成优质内容的主动治理行动，从源头开展 UGC 内容问题的治理。UGC 平台通常会通过一些线上的奖励机制实现对用户的激励，事实也证明在线奖励对用户参与确实会有一定的积极效果，如电商、影评平台和旅游平台利用对用户提供在线评论奖励的方式激发用户参与评论（Zhang 等，2016）。王昭慧和忻展红（2010）也探索了双边市场中价格补贴对参与人数、规模等方面的激励效果。然而仅仅依靠评论内容量、是否有图片等方式来考量是否给予奖励，这种简单的奖励手段完全无法达到激发优质内容的效果，相反还会出现 UGC 内容生成用户的“寻租”行为（阳镇，2018）。从案例分析结果可以看到，UGC 平台在激励用户行为上采取了一定的补贴行为（如 Be_{25} 快手平台的优质内容生成用户流量补贴、Ad_{66} 知乎推出的优秀答主扶持计划等），为了达到优质内容的激发效果，平台不仅实施了对用户优质内容的流量补贴等策略，还出现了激励其头部内容生成用户主动带动腰尾部内容生成用户的行为（如 Bc_{15} 快手平台头部用户对平台助推的认可进而主动为其他用户提供帮助等）。

通过分析发现，在主动性治理情景下，UGC 平台、内容生成端的头部用户和腰尾部用户构成了一个激励闭环，平台通过对头部用户的补贴激发出其对腰尾部用户的带动效应，进而实现整个内容生成端生成优质内容的促进效应。在这样一个“平台补贴—头部带动—优质内容生成”的闭环互动模式中，有哪些影响互动效果的关键参数？其最终如何促进优质内容生成进而实现 UGC 参与主体治理？这些将是本书第五章所讨论的命题。

（二）UGC 内容审核阶段

在 UGC 信息链的内容审核阶段，UGC 平台、MCN 机构和头部内容生成用户共同构成了行动情境。头部内容生成用户在生成内容后接受来自 UGC 平台和 MCN 机构的内容审核与管理，当出现不合规内容时，头部用户要接受处罚并对 UGC 平台和 MCN 机构予以反馈，而反馈结果则会造成 UGC 平台和 MCN 机构在声誉方面或流量方面的损失。UGC 参与主体可能需要在审核与管理中寻找到一个恰当的平衡点：一方面需要保持其开放的形象，从而尽量放松对内容生成用户的审核；而另一方面又需要维持对违规内容治理的底线，以确保 UGC 内容安全（Gillespie，2017）。

与此同时，UGC 平台和 MCN 机构还要相互协同合作，平台既要依赖 MCN 机构为其分摊管理成本，又要对 MCN 机构予以一定的管理和惩罚；而 MCN 机构既是 UGC 平台的合作方，又与头部内容生成用户组成利益共同体，其特殊的角色在此行动情境中也起到了关键性作用。在这样一个三方相互博弈的行动情境中，每个行动者的决策行为都对互动模式和治理结果产生一定的影响。通过前文的案例分析可以看到，UGC 参与主体在内容安全红线上为了实现积极的发展，会采取包容的审核态度。在通过审核强度和处罚力度等角度对审核态度进行调整的过程中，三个行动者之间的行为会产生怎样的变化？最终的演化结果又是如何向着 UGC 参与主体有效治理的期望情况发展？本书第六章会对这一命题展开深入的分析和讨论。

（三）UGC 内容分发阶段

在 UGC 信息链的最后环节，参与主体治理需要考虑其内容生成用户与内容消费用户的匹配问题。在这一行动情境中，UGC 平台与其双边用户三者交互影响，平台在其中起到桥梁的作用，为实现双边用户的匹配目标提供决策依据。从案例研究中发现，为了达到“普惠”的内容分发效果，UGC 平台越来越倾向于去中心化的匹配目标，即希望双边用户能够拥有一个相对公平、自由的匹配环境（如 Ce_3荔枝平台采取“智能推荐+人工推荐”的方式实现了对长尾内容的分发等）。

一个客观的中间参数是 UGC 平台所提供的对双边用户各自指标的评价值。基于 UGC 平台的客观评价，内容生成用户和内容消费用户能够分别对另一方的相关指标有一个相对可视的判断和偏好比较，形成自我的满意度感知，从而实现在 UGC 内容分发阶段的合理匹配，提升双边用户的总体满意度。UGC 内容生成用户和内容消费用户如何在 UGC 平台所提供的中间评价下实现有效的匹配？在匹配的过程中又有哪些关键因素会影响到双边用户的满意度，进而实现 UGC 参与主体总体满意的治理目标？这些问题成为本书第七章进一步分析的命题。

第六节　本章小结

本章基于自主治理理论与 UGC 内容问题的关系分析，提出了 UGC 参与主体治理的分析框架和理论预设，在此基础上对知乎、荔枝、快手三个具有代表性的 UGC 平台企业进行探索性案例分析：首先，提出研究的方法和分析路径，说明了三个案例企业的选择和相关资料的收集过程；其次，对三个典型 UGC 平台企业的发展历程及其在发展过程中出现的内容问题与治理情况进行了介绍，并利用扎根理论的研究方法对案例资料进行深度的编码分析，得到了 UGC 参与主体治理中的主动性治理、包容性审核与去中心化匹配三个核心概念及其对应的相关主、副范畴，并进一步对得到的概念范畴进行了解释说明和归纳；最后，总结了研究发现并构建了 UGC 参与主体治理的模型，以及其基于信息链的实现路径。基于此，后续章节将从 UGC 信息链的不同阶段出发，进一步深入探索 UGC 参与主体治理的具体实现路径以及 UGC 平台在不同阶段情境下对治理实现过程的关键性作用。

本章参考文献

[1] Truman D B. The Governmental Process [M]. New York: Knopf, 1958.

[2] Bentley A F. The Process of Government: A Study of Social Pressures [M]. Principia Press of Illinois, 1908.

[3] Olson M. Logic of Collective Action: Public Goods and the Theory of Groups (Harvard Economic Studies, Vol. 124) [M]. Harvard University Press, 1965.

[4] Hardin G. The Tragedy of the Commons [J]. Science, 1986, 162 (3859): 1243-1248.

[5] Le Bon G. The Crowd: A Study of the Popular Mind [M]. TF Unwin, 1897.

[6] Ostrom E. Polycentric Systems for Coping with Collective Action and Global Environmental Change [J]. Global Environmental Change, 2010, 20 (4): 550-557.

[7] [美] 埃莉诺·奥斯特罗姆. 公共事物的治理之道：集体行动制度的演进 [M]. 余逊达，陈旭东，译. 上海：上海译文出版社，2012.

[8] 李鹏. 数字内容产业的自我规制研究 [J]. 软科学，2017，31 (2)：33-37.

[9] 高宏存，马亚敏. 移动短视频生产的"众神狂欢"与秩序治理 [J]. 深圳大学学报（人文社会科学版），2018 (6)：47-54.

[10] Samuelson P A. The Pure Theory of Public Expenditure [J]. The Review of Economics and Statistics, 1954, 36 (4): 387-389.

[11] [美] 埃莉诺·奥斯特罗姆. 公共资源的未来：超越市场失灵和政府管制 [M]. 郭冠清，译. 北京：中国人民大学出版社，2015.

[12] Kim C, Lee J K. Social Media Type Matters: Investigating the Relationship between Motivation and Online Social Network Heterogeneity [J]. Journal of Broadcasting & Electronic Media, 2016, 60 (4): 676-693.

[13] Ostrom E. Beyond Markets and Strates: Polycentric Governance of Complex Economic System [J]. American Economic Review, 2010, 100 (3): 641-672.

[14] Spithoven A. Theory and Reality of Cryptocurrency Governance [J]. Journal of Economic Issues, 2019, 53 (2): 385-393.

[15] 郭玲. 我国经济转型深化中证券业自律管理的治理逻辑——以股灾规制为视角 [J]. 财经问题研究，2020 (11)：72-80.

[16] Megyesi B, Mike K. Organising Collective Reputation: An Ostromian Perspective [J]. International Journal of the Commons, 2016, 10 (2).

[17] 汪火根. 行业自组织视角下的行业信用治理研究 [D]. 南京大学，2016.

[18] 刘少华，陈荣昌. 互联网信息内容监管执法的难题及其破解 [J]. 中国行政管理，2018 (12)：25-30.

[19] Faucheux S, Froger G. Decision-making under Environmental Uncertainty [J]. Ecological Economics, 1995, 15 (1): 29-42.

[20] [美] 埃莉诺·奥斯特罗姆，罗伊·加德纳，詹姆斯·沃克，等. 规则、博弈与公共池塘资源 [M]. 王巧玲，任睿，译. 西安：陕西人民出版社，2011.

[21] Ostrom E, Gardner R, Walker J, et al. Rules, Games, and Common-pool Resources [M]. University of Michigan Press, 1994.

[22] Teresa K Naab, Annika Sehl. Studies of User-generated Content: A Systematic Review [J]. Journalism, 2016 (18): 1256-1273.

[23] Eisenhardt K M, Graebner M E. Theory Building from Cases: Opportunities and Challenges [J]. Academy of Management Journal, 2007, 50 (1): 25-32.

[24] Bassey M. Case Study Research in Educational Settings [M]. McGraw-Hill Education (UK), 1999.

[25] Yin R K. Case Study Research: Design and Methods, Applied Social Research [J]. Methods Series, 1994, 5.

[26] Dobusch L, Kapeller J. Breaking New Paths: Theory and Method in Path Dependence Research [J]. Schmalenbach Business Review, 2013, 65 (3): 288-311.

[27] Tiberius V, Swartwood J. Wisdom Revisited: A Case Study in Normative Theorizing [J]. Philosophical Explorations, 2011, 14 (3): 277-295.

[28] Glaser B G, Strauss A L. Discovery of Grounded Theory: Strategies for Qualitative Research [M]. Routledge, 2017.

[29] Pandit N R. The Creation of Theory: A Recent Application of the Grounded Theory Method [J]. The Qualitative Report, 1996, 2 (4): 1-15.

[30] [美] 罗伯特·殷. 案例研究方法的应用（第2版）[M]. 周海涛，等译. 重庆：重庆大学出版社，2009.

[31] 陈晔，白长虹，吴小灵. 服务品牌内化的概念及概念模型：基于跨案例研究的结论 [J]. 南开管理评论，2011，14 (2)：44-51，60.

[32] Eisenhardt K M. Building Theories from Case Study Research [J]. Academy of Management Review, 1989, 14 (4): 532-550.

[33] 张霞，毛基业. 国内企业管理案例研究的进展回顾与改进步骤——中国企业管理案例与理论构建研究论坛（2011）综述 [J]. 管理世界，2012，(2)：105-111.

[34] 刘洋，应瑛. 案例研究的三段旅程——构建理论、案例写作与发表 [J]. 管理案例研究与评论，2015，8 (2)：189-198.

［35］ Yin R K. Validity and Generalization in Future Case Study Evaluations ［J］. Evaluation, 2013, 19 (3): 321-332.

［36］ 叶康涛. 案例研究：从个案分析到理论创建——中国第一届管理案例学术研讨会综述［J］. 管理世界，2006（2）：139-143.

［37］ Yin R K. Case Study Research: Design and Methods (Fifth Edition) ［M］. Sage United Stated of America, 2009.

［38］ 苏敬勤，刘静. 案例研究规范性视角下二手数据可靠性研究［J］. 管理学报，2013，10（10）：1405-1409，1418.

［39］ Yin R K. Discovering the Future of the Case Study Method in Evaluation Research ［J］. Evaluation Practice, 1994, 15 (3): 283-290.

［40］ Strauss A, Corbin J. Grounded Theory Methodology: An Overview ［J］. Handbook of Qualitative Research Thousand Oaks Sage Publications, 1994.

［41］ 王炳成，闫晓飞，张士强，饶卫振，曾丽君. 商业模式创新过程构建与机理：基于扎根理论的研究［J］. 管理评论，2020，32（6）：127-137.

［42］ 陈向明. 质的研究方法与社会科学研究［M］. 北京：教育科学出版社，2000.

［43］ Corbin J M, Strauss A. Grounded Theory Research: Procedures, Canons, and Evaluative Criteria ［J］. Qualitative Sociology, 1990, 13 (1): 3-21.

［44］ 顾润德，陈媛媛. 社交媒体平台 UGC 质量影响因素研究［J］. 图书馆理论与实践，2019（3）：44-49.

［45］ West S M. Raging Against the Machine: Network Gatekeeping and Collective Action on Social Media Platforms ［J］. Media and Communication, 2017, 5 (3): 28-36.

［46］ 朱巍. 低俗内容治理的算法创新［N］. 检察日报，2019-07-31（007）.

［47］ 谢新洲. 专题：新媒体发展与管理［J］. 信息资源管理学报，2019，9（3）：18.

［48］ Jhaver S, Appling D S, Gilbert E, et al. "Did You Suspect the Post Would be Removed?" Understanding User Reactions to Content Removals on Reddit ［J］. Proceedings of the ACM on Human-computer Interaction, 2019, 3 (CSCW): 1-33.

［49］ Gillespie T. Custodians of the Internet: Platforms, Content Moderation, and the Hidden Decisions that Shape Social Media [M]. Yale University Press, 2018.

[50] Mcgillicuddy A, Bernard J G, Cranefield J. Controlling Bad Behavior in Online Communities: An Examination of Moderation Work [C] //Thirty Seventh International Conference on Information Systems, 2016.

[51] Li C, Huang Z. Subsidy Strategy of Pharmaceutical E-commerce Platform Based on Two-sided Market Theory [J]. PLOS ONE, 2019, 14 (10): e0224369.

[52] 胡东波，衡如丹，郭姜尚. O2O 电商平台补贴推广策略的仿真研究 [J]. 软科学，2016，30 (6): 96-103.

[53] 张翼飞，陈宏民. 长尾市场中平台的最优规模和竞争策略 [J]. 系统管理学报，2020，29 (3): 425-433.

[54] 何明升. 网络内容治理：基于负面清单的信息质量监管 [J]. 新视野，2018 (4): 108-114.

[55] 许立勇，高宏存. "包容性"新治理：互联网文化内容管理及规制 [J]. 深圳大学学报（人文社会科学版），2019，36 (2): 51-57.

[56] 彭正银，徐沛雷，王永青. UGC 平台内容治理策略——中介机构参与下的三方博弈 [J]. 系统管理学报，2020，29 (6): 1101-1112.

[57] Sheng Z, Wang Y, Sheng Y. The Impact of Shared Economy on the Business Model: From Decentralization to Recentralization [C] // Xu J, Cooke F, Gen M, Ahmed S. Proceedings of the Twelfth International Conference on Management Science and Engineering Management, Springer, Cham: ICMSEM, 2019: 97-108.

[58] Baran P. On Distributed Communications Networks [J]. IEEE Transactions on Communications Systems, 1964, 12 (1): 1-9.

[59] Schneider N. Decentralization: An Incomplete Ambition [J]. Journal of Cultural Economy, 2019, 12 (4): 265-285.

[60] 郭小平，秦艺轩. 解构智能传播的数据神话：算法偏见的成因与风险治理路径 [J]. 现代传播（中国传媒大学学报），2019，41 (9): 19-24.

[61] Jarrahi M H. Artificial Intelligence and the Future of Work: Human-AI Symbiosis in Organizational Decision Making [J]. Business Horizons, 2018, 61 (4): 577-586.

[62] 张培超. 内容产品的结构链：一种互联网内容产品的认知视角 [J].

新闻界，2016（13）：56-60.

［63］Zhang Z，Zhang Z，Yang Y. The Power of Expert Identity：How Website-recognized Expert Reviews Influence Travelers' Online Rating Behavior［J］. Tourism Management，2016，55：15-24.

［64］王昭慧，忻展红. 双边市场中的补贴问题研究［J］. 管理评论，2010，22（10）：44-49.

［65］阳镇. 平台型企业社会责任：边界、治理与评价［J］. 经济学家，2018（5）：79-88.

［66］Gillespie T. Governance of and by Platforms［M］//The SAGE Handbook of Social Media. SAGE Publications，2017：254-278.

第五章

UGC 平台补贴、头部带动效应与优质内容生成

在上一章构建的 UGC 参与主体的治理模型与实现路径基础上，进一步深入探索 UGC 信息链的各阶段参与主体间的交互作用是研究的后续核心任务。本章立足 UGC 内容生成阶段参与主体治理的实现路径，通过对 UGC 平台补贴下的头部带动决策、头部与腰尾部用户协同决策以及无带动效应的分散决策三种模式进行微分博弈分析，探索 UGC 优质内容生成的有效决策路径，并进一步通过算例仿真进行模拟比较，深入发掘头部用户带动策略下平台补贴对优质内容参与主体的总体收益改善效果，探索平台补贴的合理定价区间，为各参与主体在 UGC 内容生成阶段的治理实现过程提供有效的决策依据。

第一节　问题描述与模型假设

一、问题描述

UGC 参与主体越来越清晰地认识到，优质内容的主动激发才是解决 UGC 内容问题更为有效的路径，而头部内容生成用户的优质原创内容对于 UGC 内容的导向、树立平台价值观以及引导用户行为的重要性也越发显著（郑官怡，2018）。近年来，各类 UGC 平台纷纷推进头部用户优质内容的扶持导向，2019 年 7 月 23 日快手发布优质内容创作者“光合计划”，旨在通过 10 万亿级的流量

补贴进一步调动头部用户优质内容生成的积极性并促进其更加快速成长（肖畅，2019）。在平台扶持优质原创内容的治理导向中，对头部内容生成用户的补贴是最为普遍的激励制度，但是过度补贴对平台自身造成的成本负担与较低水平补贴无法达到有效促进作用之间的矛盾，成为开展 UGC 优质内容扶持所面临的问题。

本章研究基于 UGC 信息链的内容生成阶段，以 UGC 平台、头部内容生成用户、腰尾部内容生成用户所构成行动情境，探索 UGC 参与主体在“主动性治理”的闭环情景下治理实现过程中的具体路径。在内容生成端用户分别进行优质内容生成决策时，腰尾部用户会出现内容生成的“搭便车”现象，采取简单模仿策略来最大化自身流量收益，造成同质化等劣质内容输出情况。当头部内容生成用户和腰尾部内容生成用户在完全协同情况下进行决策时，能够实现优质内容参与主体的总体收益帕累托最优，然而由于 UGC 平台的用户体量、用户网络异质性以及信息不对称等问题（Kim 和 Lee，2016），使得完全协同决策情形几乎无法实现。为了促进 UGC 参与主体整体收益的帕累托改善，进而有效实现治理预期，本章选择 UGC 头部内容生成用户为博弈主导方，在 UGC 平台补贴政策的激励下采取带动策略，与腰尾部内容生成用户构成 Stackelberg 微分博弈。决策过程如图 5.1 所示。

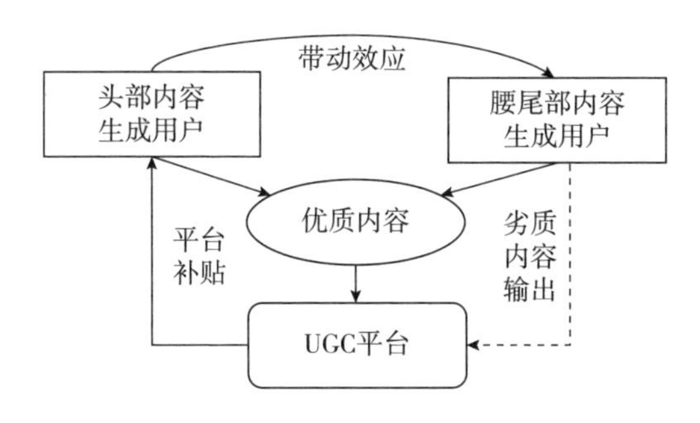

图 5.1　UGC 平台头部带动效应与优质内容生成决策示意图

二、变量说明

根据上述问题描述，本章设置相关损益变量如表 5.1 所示。

表 5.1 微分博弈损益变量说明

损益变量	含义
$G_h(t)$	t 时刻头部用户生成优质内容的努力程度，是 UGC 头部内容生成用户的决策变量
$G_w(t)$	t 时刻腰尾部用户生成优质内容的努力程度，是 UGC 腰尾部内容生成用户的决策变量
$M(t)$	t 时刻 UGC 优质内容水平
C_h	头部用户努力生成优质内容的成本
C_w	腰尾部用户努力生成优质内容的成本
i	带动效应下头部用户对腰尾部用户的成本分摊系数
k	UGC 平台对头部用户的补贴系数
R_h	头部用户的边际流量收益
R_w	腰尾部用户的边际流量收益
$F(t)$	t 时刻 UGC 平台的流量
ρ	内容生成端用户的贴现率

三、模型假设

（1）头部用户努力生成优质内容的成本 C_h 随着其生成优质内容的努力程度 $G_h(t)$ 增加而增加。借鉴马永红等（2019）关于技术研发努力成本的假设，本章中的头部用户生成优质内容的努力成本为：$C_h(G_h(t))=\frac{1}{2}\lambda_h G_h^2(t)$。其中 $\lambda_h>0$，表示头部用户努力生成优质内容努力的成本系数。

（2）腰尾部用户努力生成优质内容的成本 C_w 随着其生成优质内容的努力程度 $G_w(t)$ 的增加而增加，同理设其为：$C_w(G_w(t))=\frac{1}{2}\lambda_w G_w^2(t)$。其中 $\lambda_w>0$，表示腰尾部用户努力生成优质内容努力的成本系数。

（3）头部用户主动开展优质内容生成并对腰尾部用户形成带动效应，在此过程中，头部用户承担了一定的优质内容探索、宣传推广等成本，此外头部用户在其合规内容宣传中包含了生成优质内容的行为标准、内容模式等信息。这些情况在一定程度上都能够降低腰尾部用户生成优质内容的成本，从而形成带动效应下头部用户对腰尾部用户的成本分摊。

假设成本分摊系数为 i，则在头部带动效应下，头部用户的优质内容生产成本为 $C_h(G_h(t))+iC_w(G_w(t))$，腰尾部用户的优质内容生产成本为 $(1-i)C_w(G_w(t))$。

（4）在头部用户开展带动行为的情境下，UGC 平台启动补贴计划，基于流量提升情况对头部用户进行基数为 k 的补贴，即补贴后头部用户的收益为 $(1+k)R_hF$。

（5）UGC 优质内容水平与内容生成端的头部用户和腰尾部用户的努力程度相关，是一个动态的变化过程，设其微分方程为：

$$M'(t)=\alpha G_h(t)+\beta G_w(t)-\delta M(t) \tag{5.1}$$

其中，α 表示头部用户生成优质内容的努力程度对 UGC 优质内容水平的影响程度；β 表示腰尾部用户生成优质内容的努力程度对 UGC 优质内容水平的影响程度；δ 表示内容生成用户不进行优质内容生成时，由于平台声誉下降等原因对 UGC 优质内容水平的衰减系数，$\delta>0$。

（6）设 UGC 平台的流量为：$F(t)=f+\theta M(t)$。其中，f 为内容生成端用户不进行优质内容生产时 UGC 平台的潜在流量，$f>0$；θ 表示 UGC 优质内容水平对平台流量的影响系数，$\theta>0$。

第二节　优质内容生成与头部带动效应的模型分析

基于前文对 UGC 优质内容生成的问题描述与相关假设，本节进一步对平台补贴下的头部带动决策、头部与腰尾部用户协同决策以及无带动效应的分散决策三种模式进行分析，探索平台补贴下的头部带动效应对 UGC 参与主体总体收益的帕累托改善效果，为 UGC 内容生成阶段参与主体治理的实现提供决策依据。

一、无带动效应的分散决策模式

在此情境下，UGC 头部内容生成用户和腰尾部内容生成用户分别以各自利益最大化为目标进行决策，决策组合构成了 Nash 均衡解，此时头部用户和腰尾部内容生成用户的目标函数为：

$$\Pi_h^N = \int_0^{\infty} e^{-\rho t}\left[R_h F - C_h(M(t))\right]\mathrm{d}t \tag{5.2}$$

$$\Pi_w^N = \int_0^{\infty} e^{-\rho t}\left[R_w F - C_w(M(t))\right]\mathrm{d}t \tag{5.3}$$

对该决策问题的均衡策略，研究采用 Hamilton-Jacobi-Bellman 方程（HJB 方程）进行求解，同时借鉴 Jørgensen 等（2003）的处理方法，假设模型中的所有参数都是与时间无关的，下文中均采用省略时间的书写方式。

目标函数求解得到命题如下：

命题 5-1

① 在无带动效应的分散决策模式中，UGC 头部内容生成用户与腰尾部内容生成用户双方的最优均衡策略为 G_h^{N*} 和 G_w^{N*}：$G_h^{N*}=\dfrac{\alpha R_h\theta}{\lambda_h(\rho+\delta)}$，$G_w^{N*}=\dfrac{\beta R_w\theta}{\lambda_w(\rho+\delta)}$。

②在无带动效应的分散决策模式中，UGC 头部内容生成用户与腰尾部内容生成用户的最优收益函数分别为：

$$\Pi_h^{N*}=e^{-\rho t}(A_1^{N*}M+B_1^{N*}) \tag{5.4}$$

$$\Pi_w^{N*}=e^{-\rho t}(A_2^{N*}M+B_2^{N*}) \tag{5.5}$$

其中，$\begin{cases} A_1^{N*}=\dfrac{R_h\theta}{\rho+\delta},\ B_1^{N*}=\dfrac{R_h f}{\rho}+\dfrac{\alpha^2R_h^2\theta^2}{2\rho\lambda_h(\rho+\delta)^2}+\dfrac{\beta^2R_hR_w\theta^2}{\rho\lambda_w(\rho+\delta)^2} \\ A_2^{N*}=\dfrac{R_w\theta}{\rho+\delta},\ B_2^{N*}=\dfrac{R_w f}{\rho}+\dfrac{\alpha^2R_hR_w\theta^2}{\rho\lambda_h(\rho+\delta)^2}+\dfrac{\beta^2R_w^2\theta^2}{2\rho\lambda_w(\rho+\delta)^2} \end{cases}$。

③在无带动效应的分散决策模式中，UGC 优质内容水平的最优轨迹为：

$$M^{N*}(t)=\left(m_0-\frac{X^N}{\delta}\right)e^{-\delta t}+\frac{X^N}{\delta} \tag{5.6}$$

其中，$X^N=\dfrac{\alpha^2R_h\theta}{\lambda_h(\rho+\delta)}+\dfrac{\beta^2R_w\theta}{\lambda_w(\rho+\delta)}$。

证明 基于最优控制的解法，头部内容生成用户的最优值函数可以由式（5.2）转换为：

$$\Pi_h^{N*}=e^{-\rho t}U_h^N(M) \tag{5.7}$$

其中，$U_h^N(M)=\max\int_t^{\infty}e^{-\rho(s-t)}\left[R_h(f+\theta M)-\frac{1}{2}\lambda_h(G_h^N)^2\right]\mathrm{d}s$。

此时头部用户的最优决策问题满足 HJB 方程：

$$\rho U_h^N(M)=\max\left\{R_h(f+\theta M)-\frac{1}{2}\lambda_h(G_h^N)^2+U_h^{N'}(M)(\alpha G_h^N+\beta G_w^N-\delta M)\right\} \tag{5.8}$$

对式（5.8）关于 G_h^N 求导得：

$$G_h^N=\frac{\alpha U_h^{N'}(M)}{\lambda_h} \tag{5.9}$$

同理，腰尾部内容生成用户的最优值函数可以由式（5.3）转换为：

$$\Pi_w^{N*}=e^{-\rho t}U_w^N(M) \tag{5.10}$$

其中，$U_w^N(M)=\max\int_t^{\infty}e^{-\rho(s-t)}\left[R_w(f+\theta M)-\frac{1}{2}\lambda_w(G_w^N)^2\right]\mathrm{d}s$。

此时腰尾部内容生成用户的最优决策问题满足 HJB 方程：

$$\rho U_w^N(M)=\max\left\{R_w(f+\theta M)-\frac{1}{2}\lambda_w(G_w^N)^2+U_w^{N'}(M)(\alpha G_h^N+\beta G_w^N-\delta M)\right\} \tag{5.11}$$

对式（5.10）关于 G_w^N 求导得：

$$G_w^N=\frac{\beta U_w^{N'}(M)}{\lambda_w} \tag{5.12}$$

将式（5.9）和式（5.12）代入式（5.8）与式（5.11），分别得到：

$$\rho U_h^N(M)=(R_h\theta-\delta U_h^{N'}(M))M+R_hf+\frac{\alpha^2(U_h^{N'}(M))^2}{2\lambda_h}+\frac{\beta^2U_h^{N'}(M)U_w^{N'}(M)}{\lambda_w} \tag{5.13}$$

$$\rho U_w^N(M)=(R_w\theta-\delta U_w^{N'}(M))M+R_wf+\frac{\beta^2(U_w^{N'}(M))^2}{2\lambda_w}+\frac{\alpha^2U_h^{N'}(M)U_w^{N'}(M)}{\lambda_h} \tag{5.14}$$

设函数 $U_h^N(M)$ 和 $U_w^N(M)$ 的具体表达式为：

$$\begin{cases}U_h^N(M)=A_1^NM+B_1^N\\U_w^N(M)=A_2^NM+B_2^N\end{cases} \tag{5.15}$$

将式（5.15）分别代入式（5.13）和式（5.14）中，求解得：

$$\begin{cases} A_1^{N*}=\dfrac{R_h\theta}{\rho+\delta}, B_1^{N*}=\dfrac{R_hf}{\rho}+\dfrac{\alpha^2R_h^2\theta^2}{2\rho\lambda_h(\rho+\delta)^2}+\dfrac{\beta^2R_hR_w\theta^2}{\rho\lambda_w(\rho+\delta)^2} \\ A_2^{N*}=\dfrac{R_w\theta}{\rho+\delta}, B_2^{N*}=\dfrac{R_wf}{\rho}+\dfrac{\beta^2R_w^2\theta^2}{2\rho\lambda_w(\rho+\delta)^2}+\dfrac{\alpha^2R_hR_w\theta^2}{\rho\lambda_h(\rho+\delta)^2} \end{cases} \tag{5.16}$$

再将式（5.16）代入式（5.15）中，求得：

$$\begin{cases} U_h^N(M)=A_1^{N*}M+B_1^{N*} \\ U_w^N(M)=A_2^{N*}M+B_2^{N*} \end{cases} \tag{5.17}$$

将式（5.17）及各自的一阶导数分别代入式（5.9）和式（5.12），即得命题5-1①。再将命题5-1①的结果分别代入式（5.7）和式（5.10）中，求得头部内容生成用户和腰尾部内容生成用户各自的最优值，即命题5-1②。再将式（5.9）和式（5.12）代入优质内容水平方程（5.1）中，根据方程的边界条件 $m_0\geqslant 0$，求得无带动效应分散决策模式下UGC优质内容水平的最优轨迹，即命题5-1③。

证毕。

二、头部与腰尾部内容生成用户协同决策模式

在此情境下，假设平台为内容生成阶段UGC参与主体的总体利益最大化目标的中间决策角色。在平台的集中决策下，UGC头部内容生成用户和腰尾部内容生成用户共同合作进行优质内容生成，内容生成阶段UGC参与主体的总体收益达到帕累托最优效果。

由模型假设可得，优质内容生成的协同合作决策问题为：

$$\Pi^C=\int_0^\infty e^{-\rho t}[(R_h+R_w)F-C_h(M(t))-C_w(M(t))]\mathrm{d}t \tag{5.18}$$

方程求解后得命题如下：

命题5-2

①UGC头部内容生成用户和腰尾部内容生成用户在优质内容生成的协同合作博弈中，双方的最优均衡策略为 G_h^{C*} 和 G_w^{C*}：$G_h^{C*}=\dfrac{\alpha(R_h+R_w)\theta}{\lambda_h(\rho+\delta)}$，$G_w^{C*}=\dfrac{\beta(R_h+R_w)\theta}{\lambda_w(\rho+\delta)}$。

②在协同决策模式中，UGC 头部内容生成用户和腰尾部内容生成用户的总体最优值函数为：

$$\Pi^{C*}=e^{-\rho t}(A^{C*}M+B^{C*}) \tag{5.19}$$

其中，

$$A^{C*}=\frac{(R_h+R_w)\theta}{\rho+\delta},B^{C*}=\frac{(R_h+R_w)f}{\rho}+\frac{\alpha^2\ (R_h+R_w)^2\theta^2}{2\rho\lambda_h\ (\rho+\delta)^2}+\frac{\beta^2\ (R_h+R_w)^2\theta^2}{2\rho\lambda_w\ (\rho+\delta)^2}$$

③在头部与腰尾部内容生成用户协同决策模式中，UGC 优质内容水平的最优轨迹为：

$$M^{C*}(t)=\left(m_0-\frac{X^C}{\delta}\right)e^{-\delta t}+\frac{X^C}{\delta} \tag{5.20}$$

其中，$X^C=\frac{\alpha^2(R_h+R_w)\theta}{\lambda_h(\rho+\delta)}+\frac{\beta^2(R_h+R_w)\theta}{\lambda_w(\rho+\delta)}$。

证明 同命题 5-1 的证明方法相同，协同合作目标函数的最优值可以由式（5.18）转换为：

$$\Pi^{C*}=e^{-\rho t}U^C(M) \tag{5.21}$$

其中，$U^C(M)=\max\int_t^\infty e^{-\rho(s-t)}\left[(R_h+R_w)(f+\theta M)-\frac{1}{2}\lambda_h\ (G_h^C)^2-\frac{1}{2}\lambda_w\ (G_w^C)^2\right]ds$。

此时头部内容生成用户的最优决策问题满足 HJB 方程：

$$\rho U^C(M)=\max\left\{\begin{aligned}&(R_h+R_w)(f+\theta M)-\frac{1}{2}\lambda_h\ (G_h^C)^2-\frac{1}{2}\lambda_w\ (G_w^C)^2+\\&U^{C'}(M)(\alpha G_h^C+\beta G_w^C-\delta M)\end{aligned}\right\} \tag{5.22}$$

对式（5.19）分别关于 G_h^C，G_w^C 求导得：

$$G_h^C=\frac{\alpha U^{C'}(M)}{\lambda_h},G_w^C=\frac{\beta U^{C'}(M)}{\lambda_w} \tag{5.23}$$

将式（5.23）代入式（5.22）得：

$$\begin{aligned}\rho U^C(M)=&((R_h+R_w)\theta-\delta U^{C'}(M))M+(R_h+R_w)f+\\&\frac{\alpha^2(U^{C'}(M))^2}{2\lambda_h}+\frac{\beta^2(U^{C'}(M))^2}{2\lambda_w}\end{aligned} \tag{5.24}$$

设函数 $U^C(M)$ 的具体表达式为：

$$U^C(M)=A^CM+B^C \tag{5.25}$$

将式（5.23）代入式（5.24），求解得：

$$A^{C*}=\frac{(R_h+R_w)\theta}{\rho+\delta},B^{C*}=\frac{(R_h+R_w)f}{\rho}+\frac{\alpha^2(R_h+R_w)^2\theta^2}{2\rho\lambda_h(\rho+\delta)^2}+\frac{\beta^2(R_h+R_w)^2\theta^2}{2\rho\lambda_w(\rho+\delta)^2} \tag{5.26}$$

再将式（5.26）代入式（5.25）得：

$$U^C(M)=A^{C*}M+B^{C*} \tag{5.27}$$

将式（5.27）及其一阶导数代入式（5.23），即得到命题5-2①。再将命题5-2①的结果代入式（5.22），得命题5-2②。再将式（5.23）代入优质内容水平方程（5.1）中，根据方程的边界条件 $m_0\geqslant0$，求得协同决策模式下UGC优质内容水平的最优轨迹，即命题5-2③。

证毕。

三、平台补贴下的头部内容生成用户带动决策模式

由于UGC头部内容生成用户和腰尾部内容生成用户的体量、用户网络异质性以及信息不对称等现实问题的存在，完全协同决策模式几乎无法实现（Kim和Lee，2016）。为了实现内容生成阶段UGC参与主体的总体收益提升，本部分研究提出以头部用户为主导的带动决策模式，UGC平台通过对头部内容生成用户的补贴实现激励作用，促使UGC头部内容生成用户积极开展优质内容创作，并主动进行宣传和分享活动，为腰尾部内容生成用户生成优质内容分摊一定成本，从而实现带动效应，促进实现内容生成阶段UGC参与主体总体收益的帕累托改善。该决策模式构成了头部内容生成用户主导腰尾部内容生成用户的Stackelberg主从博弈。

决策过程分为两个阶段：第一阶段，头部内容生成用户在UGC平台的补贴政策下进行优质内容生产，主动承担优质内容探索的同时进行相应的宣传推广，为腰尾部内容生成用户分摊成本，其决策包括生成优质内容的努力程度 G_h^S，在此过程中平台对头部内容生成用户的补贴参数 k 对其决策具有一定的影响；第二阶段，腰尾部内容生成用户根据头部内容生成用户的决策结果以及对自身的成本分摊情况，决定自身进行优质内容生成的努力程度 G_w^S。

头部内容生成用户的目标函数为：

$$\Pi_h^S=\int_0^\infty e^{-\rho t}[(1+k)R_hF-C_h(M(t))-iC_w(M(t))]\mathrm{d}t \tag{5.28}$$

在给定头部内容生成用户决策结果 G_h^S 和分摊系数 i 下，腰尾部内容生成用户的目标函数为：

$$\Pi_w^S = \int_0^\infty e^{-\rho t}[R_w F-(1-i)C_w(M(t))]\mathrm{d}t \tag{5.29}$$

通过对方程的求解可得如下命题：

命题 5-3

①在平台补贴的头部带动决策模式中，UGC 头部内容生成用户与腰尾部内容生成用户双方的最优均衡策略为 G_h^{S*} 和 G_w^{S*}。

其中，$G_h^{S*}=\dfrac{\alpha(1+k)R_h\theta}{\lambda_h(\rho+\delta)}$，$G_w^{S*}=\dfrac{\beta R_w\theta}{(1-i)\lambda_w(\rho+\delta)}$。

②在平台补贴的头部带动决策模式中，UGC 头部内容生成用户与腰尾部内容生成用户各自的最优值函数分别为：

$$\Pi_h^{S*}=e^{-\rho t}(A_1^{S*}M+B_1^{S*}) \tag{5.30}$$

$$\Pi_w^{S*}=e^{-\rho t}(A_2^{S*}M+B_2^{S*}) \tag{5.31}$$

其中，

$$\begin{cases} A_1^{S*}=\dfrac{(1+k)R_h\theta}{\rho+\delta}, B_1^{S*}=\dfrac{(1+k)R_h f}{\rho}+\dfrac{\alpha^2(1+k)^2R_h^2\theta^2}{2\rho\lambda_h(\rho+\delta)^2}+\dfrac{\beta^2R_w\theta^2[2(1-i)(1+k)R_h-iR_w]}{(1-i)^2\lambda_w^2\rho(\rho+\delta)^2} \\ A_2^{S*}=\dfrac{R_w\theta}{\rho+\delta}, B_2^{S*}=\dfrac{R_w f}{\rho}+\dfrac{\alpha^2\theta^2(1+k)R_hR_w}{\lambda_h\rho(\rho+\delta)^2}+\dfrac{\beta^2R_w^2\theta^2}{2(1-i)\lambda_w\rho(\rho+\delta)^2} \end{cases}$$

③在平台补贴的头部带动决策模式中，UGC 优质内容水平的最优轨迹为：

$$M^{S*}(t)=\left(m_0-\frac{X^S}{\delta}\right)e^{-\delta t}+\frac{X^S}{\delta} \tag{5.32}$$

其中，$X^S=\dfrac{\alpha^2(1+k)R_h\theta}{\lambda_h(\rho+\delta)}+\dfrac{\beta^2R_w\theta}{(1-i)\lambda_w(\rho+\delta)}$。

证明 采用逆向归纳法求解，腰尾部内容生成用户的最优值函数可以由式(5.29)转换为：

$$\Pi_w^{S*}=e^{-\rho t}U_w^S(M) \tag{5.33}$$

其中，$U_w^S(M)=\max\displaystyle\int_t^\infty e^{-\rho(s-t)}\left[R_w(f+\theta M)-\frac{1}{2}(1-i)\lambda_w(G_w^S)^2\right]\mathrm{d}s$。

此时腰尾部内容生成用户的最优决策问题满足 HJB 方程：

$$\rho U_w^S(M)=\max\left\{\begin{matrix}R_w(f+\theta M)-\frac{1}{2}(1-i)\lambda_w(G_w^S)^2+\\U_w^{S'}(M)(\alpha G_h^S+\beta G_w^S-\delta M)\end{matrix}\right\} \tag{5.34}$$

对式（5.34）关于 G_w^S 求导得：

$$G_w^S=\frac{\beta U_w^{S'}(M)}{(1-i)\ \lambda_w} \tag{5.35}$$

同理，头部内容生成用户的最优值函数可以由式（5.30）转换为：

$$\Pi_h^{S*}=e^{-\rho t}U_h^S(M) \tag{5.36}$$

其中，

$$U_h^S(M)=\max\int_t^{\infty}e^{-\rho(s-t)}\left[(1+k)R_h(f+\theta M)-\frac{1}{2}\lambda_h(G_h^N)^2-\frac{1}{2}i\lambda_w(G_w^N)^2\right]\mathrm{d}s$$

此时头部用户的最优决策问题满足 HJB 方程：

$$\rho U_h^S(M)=\max\left\{\begin{matrix}(1+k)R_h(f+\theta M)-\frac{1}{2}\lambda_h(G_h^S)^2-\frac{1}{2}i\lambda_w(G_w^S)^2+\\U_h^{S'}(M)(\alpha G_h^S+\beta G_w^S-\delta M)\end{matrix}\right\} \tag{5.37}$$

对式（5.37）关于 G_h^S 求导得：

$$G_h^S=\frac{\alpha U_h^{S'}(M)}{\lambda_h} \tag{5.38}$$

将式（5.35）和式（5.38）代入式（5.34）和式（5.37）得：

$$\rho U_h^{S*}(M)=[(1+k)R_h\theta-\delta U_h^{S'}(M)]M+(1+k)R_hf+\frac{\alpha^2(U_h^{S'}(M))^2}{2\lambda_h}+\frac{2(1-i)\beta^2U_h^{S'}(M)U_w^{S'}(M)-i\beta^2\ (U_w^{S'}(M))^2}{2\ (1-i)^2\lambda_w^2} \tag{5.39}$$

$$\rho U_w^{S*}(M)=(R_w\theta-\delta U_w^{S'}(M))M+R_wf+\frac{\alpha^2U_h^{S'}(M)U_w^{S'}(M)}{\lambda_h}+\frac{\beta^2\ (U_w^{S'}(M))^2}{2(1-i)\lambda_w} \tag{5.40}$$

设函数 $U_h^S(M)$ 和 $U_w^S(M)$ 的具体表达式为：

$$\begin{cases}U_h^S(M)=A_1^SM+B_1^S\\U_w^S(M)=A_2^SM+B_2^S\end{cases} \tag{5.41}$$

将式（5.41）代入式（5.39）和式（5.40）求解得：

$$\begin{cases} A_1^{S*}=\dfrac{(1+k)R_h\theta}{\rho+\delta}, B_1^{S*}=\dfrac{(1+k)R_hf}{\rho}+\dfrac{\alpha^2(1+k)^2R_h^2\theta^2}{2\rho\lambda_h(\rho+\delta)^2}+\dfrac{\beta^2R_w\theta^2[2(1-i)(1+k)R_h-iR_w]}{(1-i)^2\lambda_w^2\rho(\rho+\delta)^2} \\ A_2^{S*}=\dfrac{R_w\theta}{\rho+\delta}, B_2^{S*}=\dfrac{R_wf}{\rho}+\dfrac{\alpha^2\theta^2(1+k)R_hR_w}{\lambda_h\rho(\rho+\delta)^2}+\dfrac{\beta^2R_w^2\theta^2}{2(1-i)\lambda_w\rho(\rho+\delta)^2} \end{cases}$$

将 A_1^{S*}、B_1^{S*}、A_2^{S*}、B_2^{S*} 代入式（5.41）得到命题 5-3①。将命题 5-3①结果代入式（5.33）和式（5.36），得命题 5-3②。再将式（5.35）和式（5.38）代入 UGC 优质内容水平方程（5.1）中，根据方程的边界条件 $m_0\geqslant0$，求得头部带动决策模式下 UGC 优质内容水平的最优轨迹，即命题 5-3③。

证毕。

第三节　不同决策模式的比较分析

根据三种博弈模型下的 UGC 头部内容生成用户与腰尾部内容生成用户的决策行为结果，比较头部内容生成用户与腰尾部内容生成用户在优质内容生成上的努力程度以及平台内容生成端的用户整体收益情况，得出如下推论：

推论 5-1

①$G_h^{N*}<G_h^{C*}$，$G_h^{N*}<G_h^{S*}$；$G_h^{C*}-G_h^{S*}=\dfrac{\alpha\theta(R_w-kR_h)}{\lambda_h(\rho+\delta)}$，当 $k<\dfrac{R_w}{R_h}$时，$G_h^{C*}>G_h^{S*}$。

②$G_w^{N*}<G_w^{C*}$，$G_w^{N*}<G_w^{S*}$；$G_w^{C*}-G_w^{S*}=\dfrac{\beta\theta[R_h-i(R_h+R_w)]}{(1-i)\lambda_w(\rho+\delta)}$，当 $i<\dfrac{R_h}{R_h+R_w}$时，$G_w^{C*}>G_w^{S*}$。

推论 5-2

①$U^C(M)=U_h^C(M)+U_w^C(M)$，$U^S(M)=U_h^S(M)+U_w^S(M)$，必然有 $U^C(M)>U^N(M)$；

②$U^S(M)-U^N(M)=\dfrac{kR_h\theta}{\rho+\delta}M+\dfrac{kR_hf}{\rho}+\dfrac{\alpha^2\theta^2R_h[(2k+k^2)R_h+2kR_w]}{2\rho\lambda_h(\rho+\delta)^2}+\dfrac{\beta^2R_w\theta^2[2(1-i)(k+i)R_h-iR_w]}{2(1-i)^2\lambda_w\rho(\rho+\delta)^2}$，根据推论 5-1

中关于 $k\leqslant\frac{R_w}{R_h}$ 和 $i\leqslant\frac{R_h}{R_h+R_w}$ 的约束可知，$U^S(M)>U^N(M)$。

根据如上推论可知：

（1）无论是协同决策模式还是头部带动下的决策模式，UGC 头部内容生成用户与腰尾部内容生成用户各自在优质内容生成上的努力程度均高于无带动效应的分散决策模式。

（2）头部内容生成用户的努力程度比较。当 $k<\frac{R_w}{R_h}$，即 UGC 平台对头部内容生成用户的补贴系数小于头部内容生成用户与腰尾部内容生成用户边际流量收益的比值时，协同决策模式下头部内容生成用户生成优质内容的努力程度要高于其在头部带动决策模式下的努力程度；随着平台补贴系数 k 的逐渐增加，带动决策模式下的头部内容生成用户的努力程度逐渐提高，并趋向协同决策模式下的帕累托最优值。当 $k=\frac{R_w}{R_h}$ 时，两种模式下头部内容生成用户生成优质内容的努力程度相同。

（3）腰尾部内容生成用户的努力程度比较。当 $i<\frac{R_h}{R_h+R_w}$，即头部内容生成用户对腰尾部内容生成用户优质内容生成的成本分摊系数小于头部内容生成用户边际流量收益与二者边际流量收益之和的比值时，协同决策模式下平台腰尾部内容生成用户生成优质内容的努力程度要高于其在头部带动决策模式下的努力程度；随着成本分摊系数 i 的逐渐增加，头部带动决策模式下腰尾部内容生成用户的努力程度逐渐增大并趋向协同决策模式的帕累托最优值。当 $i=\frac{R_h}{R_h+R_w}$ 时，两种决策模式下腰尾部内容生成用户生成优质内容的努力程度相同。

（4）总体收益比较。协同决策模式下内容生成端的用户总体收益必然大于无带动效应的分散决策模式；而基于 $k\leqslant\frac{R_w}{R_h}$ 和 $i\leqslant\frac{R_h}{R_h+R_w}$ 的约束，头部带动决策模式下的内容生成端用户总体收益也大于无带动效应的分散决策模式；头部带动决策与协同决策两种模式下内容生成端用户的总体收益的比较情况则较为复杂，其受到平台补贴系数 k 和头部用户成本分摊系数 i 双变量的影响，后续将通过算例仿真进行进一步分析。

第四节　仿真分析

从上述命题及推论能够看出，在 UGC 优质内容生成的三种不同决策模式中，头部内容生成用户和腰尾部内容生成用户生成优质内容的努力程度、二者的总体收益以及 UGC 优质内容水平等各项指标均取决于模型中相关参数的选择。根据实际情况以及推论中的约束情况，本书将算例中的相关参数假设如下：

$R_h=4$，$R_w=6$，$\alpha=3$，$\beta=2$，$\lambda_h=7$，$\lambda_w=6$，$\rho=1$，$\delta=2$，$\theta=1$，$f=2$，$m_0=0$，$i=0.4$，$k=0.75$。

将相关参数代入命题 5-1、命题 5-2、命题 5-3 以及推论 5-1、推论 5-2 中，利用 MATLAB R2018b 软件进行仿真分析，得出不同决策模式下 UGC 内容生成端的用户总体收益关系比较图（见图 5.2），头部带动效应分别对头部内容生成用户和腰尾部内容生成用户收益的影响效果图（见图 5.3），UGC 优质内容水平的关系比较图（见图 5.4）以及平台补贴系数 k 对内容生成端的用户总体收益影响效果图（见图 5.5）。

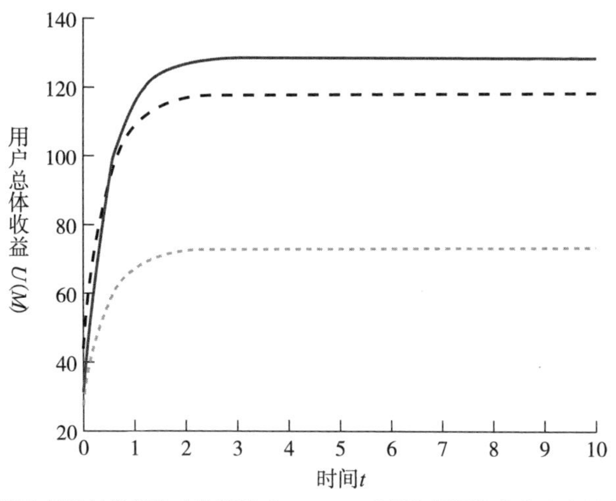

图 5.2　UGC 内容生成端的用户总体收益比较

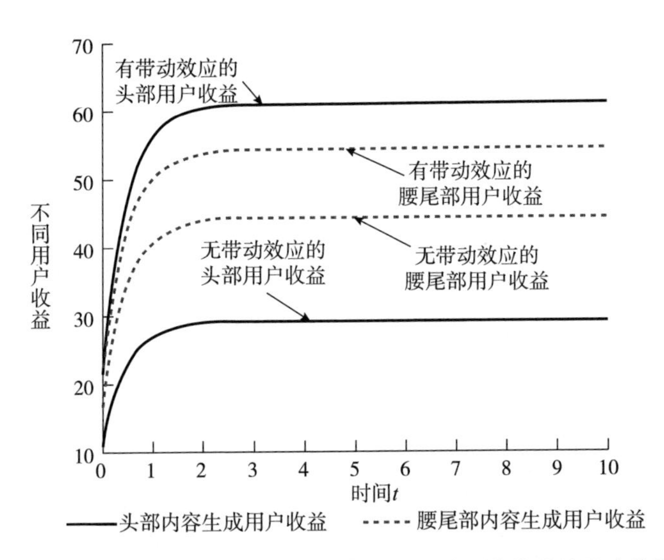

图 5.3　头部内容生成用户和腰尾部内容生成用户收益的影响效果

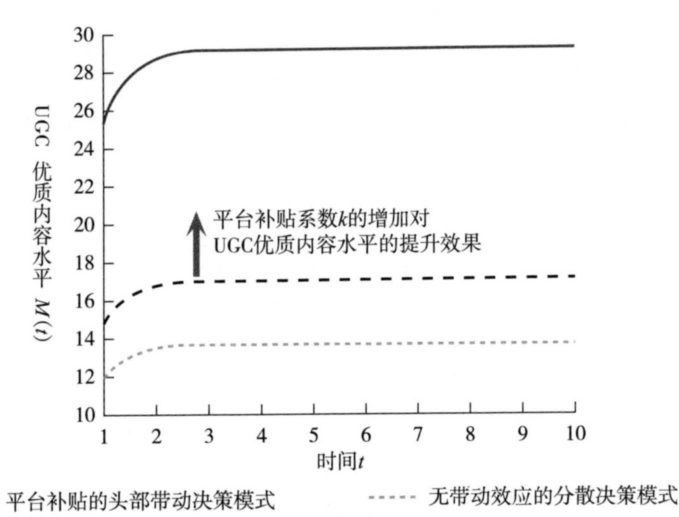

图 5.4　UGC 优质内容水平的关系比较

（1）从图 5.2 能够看出，在头部与腰尾部内容生成用户协同决策模式下，UGC 内容生成端的用户总体收益最大，而无带动效应的分散决策模式下的总体收益最低，基于平台补贴的头部带动决策模式下的总体收益居于二者之间，该模式实现了内容生成阶段 UGC 参与主体总体收益值的帕累托改善。

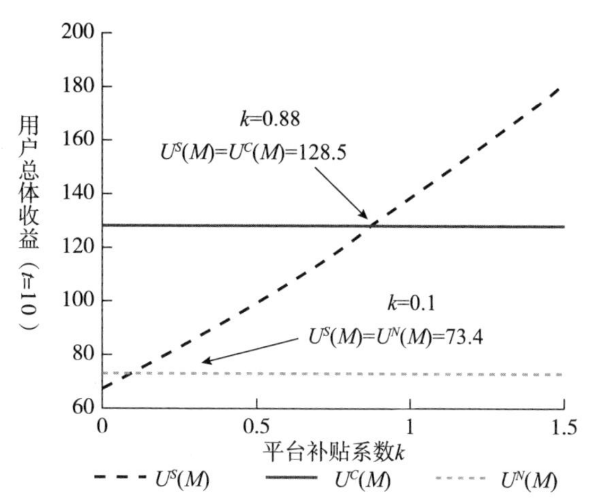

图 5.5　平台补贴系数对内容生成端用户总体收益的影响效果

从图 5.2 中看到无带动效应的分散决策模式下总体收益值增长缓慢，相反协同决策模式下的总体收益值增长迅速且最大值高于头部带动决策模式以及无带动效应的分散决策模式，这充分证明了对于协同模式下总体收益帕累托最优的理论推导，仿真结果显示了协同决策对于内容生成阶段 UGC 参与主体总体收益的目标参考。同时也能够看出，基于平台补贴的头部带动决策模式对于总体收益的改善效果，在一定的平台补贴系数下，UGC 内容生成端的用户总体收益值快速提升并向着帕累托最优方向趋近。

（2）从图 5.3 可以看出，在平台补贴的头部带动决策模式下，UGC 头部内容生成用户和腰尾部内容生成用户各自的收益值均有所改善，特别是对于头部内容生成用户的改善效果更为显著。

一方面，由于头部内容生成用户在优质内容生成上的主动带动行为，包括优质内容生成的模式推广、意义和价值宣传以及相关信息的共享，对腰尾部内容生成用户在生成优质内容上的成本起到了一定分摊效果；与此同时，UGC 优质内容水平的提升也进一步促进了平台流量的增长。在此双重作用下，头部带动效应使得腰尾部内容生成用户的收益值得到了一定的提升。

另一方面，平台补贴下的头部带动效应对于头部内容生成用户收益的提升更加显著。在无带动效应时头部内容生成用户和腰尾部内容生成用户分散决策，头部内容生成用户承担了优质内容生成的额外成本，而腰尾部内容生成用户则在简单模仿等“搭便车”行为下高速输出低质内容，快速实现流量收集，进而造成腰尾部内容生成用户收益高于头部内容生成用户收益情况。在UGC平台对头部内容生成用户实施优质内容补贴政策下，头部内容生成用户得到了继续生成优质内容同时帮扶腰尾部内容生成用户的动力，在总体优质内容水平逐渐提升的背景下，UGC优质内容生成形成良性循环，进而使得其收益实现大幅增长。

（3）从图5.4可以看出，在UGC优质内容水平方面，头部与腰尾部内容生成用户协同决策模式下的水平最高，而无带动效应分散决策模式下的优质内容水平最低。平台补贴的头部带动决策模式对UGC优质内容水平起到了提升作用，而且随着平台补贴系数k的逐渐增加，提升效果也在增长。

UGC平台对头部内容生成用户的补贴使其生成优质内容的努力程度得到提升，而在头部内容生成用户的带动效应下，腰尾部内容生成用户生成优质内容的努力程度也得到了提升，与此同时，优质内容为平台带来的流量收益则进一步促进了二者生成优质内容的努力程度。UGC平台通过补贴激发头部内容生成用户的带动效应，最终实现优质内容生成的良性循环。

（4）图5.5展示了时间$t=10$时，平台补贴系数k对UGC内容生成端的用户总体收益影响效果。随着补贴系数k的增大，平台内容生成端的用户总体收益逐渐增大：UGC平台对头部内容生成用户的补贴系数越大，内容生成端用户的总体收益越高。

然而平台的补贴力度无法实现无限度的增大。补贴的力度过大对平台企业自身造成过重的成本负担，而过小的补贴力度则无法实现平台优质内容的促进效果。从图5.5中能够看出，当平台补贴系数$k=0.1$时，头部带动决策模式下的总收益与无带动效应下分散决策模式的总收益相同，$U^S(M)=U^N(M)=73.4$；随着平台补贴系数的增加，$U^S(M)$的数值逐渐增大，当$k=0.88$时，$U^S(M)=U^C(M)=128.5$。$k\in[0.1,0.88]$是UGC平台补贴系数合理可控的取值区间。

第五节　本章小结

本章从UGC信息链的内容生成阶段出发，基于UGC参与主体治理模型中的主动性治理情景，从UGC平台、头部内容生成用户和腰尾部内容生成用户三个参与主体所构建的互动情景出发，探索了这一阶段参与主体治理的具体实现路径。针对 UGC 优质内容生成参与主体下的治理情景，本章构建了基于平台补贴的头部内容生成用户带动决策、头部与腰尾部内容生成用户协同决策以及无带动效应的分散决策三种微分博弈模型，通过对每种决策模型的求解和推导，得到不同决策情形下头部内容生成用户和腰尾部内容生成用户的最优策略，并在各自策略下得到双方的最优收益函数，以及 UGC 优质内容水平的最优轨迹。

在对不同决策情形下的相关结果进行对比分析后，本书发现头部带动效应的决策模式能够实现对参与主体的总结收益进行帕累托改善的效果，且改善效果与平台对头部内容生成用户的补贴系数 k 等关键参数有一定的相关性。随后本章对命题函数进行了实际算例的仿真模拟，仿真结果进一步表明，平台补贴下的头部带动策略对 UGC 优质内容生成及其参与主体的总体收益具有显著的改善效果，平台补贴系数与改善效果具有正相关性，该系数同时具有可控的合理取值区间。本章的研究结果为内容生成阶段 UGC 参与主体治理的实现提供了有效的决策依据和实践支撑，同时明确了 UGC 平台在内容生成阶段参与主体治理中的重要作用，指出了其对参与主体治理实现的具体影响和促进效应。

本章参考文献

[1] 郑官怡. 新媒体内容存在的问题及其治理对策 [J]. 传媒，2018 (16)：54-55.

[2] 肖畅. 用好“流量”也可激发文化原创力 [N]. 长江日报，2019-07-26 (005).

[3] Kim C，Lee J K. Social Media Type Matters：Investigating the Relationship between Motivation and Online Social Network Heterogeneity [J]. Journal of Broadcasting & Electronic Media，2016，60 (4)：676-693.

[4] 马永红，刘海礁，柳清. 产业共性技术产学研协同研发策略的微分博弈研究 [J]. 中国管理科学，2019，27 (12)：197-207.

[5] Jørgensen S，Taboubi S，Zaccour G. Retail Promotions with Negative Brand Image Effects：Is Cooperation Possible? [J]. European Journal of Operational Research，2003，150 (2)：395-405.

第六章

MCN 机构参与下的 UGC 内容审核决策

上一章探索了 UGC 信息链的内容生成阶段参与主体治理的实现过程。本章将继续探索 UGC 内容审核阶段，三方参与主体在内容审核决策中的博弈演化路径。本章将通过构建“UGC 平台—MCN 机构—头部内容生成用户”的三方演化博弈模型，阐释 UGC 内容审核阶段参与主体的互动关系，深入挖掘各参与主体在内容审核过程中的决策行为，并进一步通过算例仿真分析，探析影响参与主体治理所期望的演化博弈稳定结果的关键性参数，明确 UGC 平台在该阶段参与主体治理实现过程中的重要作用。

第一节　参与主体的决策行为分析

一、UGC 平台

UGC 平台是内容审核的核心主体，其行为策略包括是否对用户生成内容进行审核两种选择。面对日益严重的内容质量问题，声誉损失和社会责任都迫使 UGC 平台有对内容问题进行审核的需要，但平台公司可能也想尽量多地让用户发布内容而采取不同的策略（Myers，2018），严格的内容审核行为并不能够有效提升平台运营效率，高额的处罚成本和强压审核之下的流量损失均对平台发展提出挑战。

如果选择不进行内容问题审核，UGC 平台则需要接受声誉损失的成本；而如果选择对内容问题进行审核，UGC 平台也需要接受因对用户设限而造成的流量损失成本。一方面，UGC 平台直接对违规生成内容的用户进行包括停止奖励、限制功能、永久封号、加入黑名单等在内的治理措施实现对内容的审核；另一方面，UGC 平台对相关违规账号所在的 MCN 机构进行包括降低奖励金额、扣除保证金、取消合作等在内的治理措施。而不同的审核强度对 MCN 机构和头部内容生成用户都具有不同的影响，进而影响各方最终的策略选择。平台可能会需要寻求平衡，一方面需要保持开放平台的形象，另一方面需要持续对违规内容的治理（Gillespie，2017），这就要求 UGC 平台控制好其审核行为中的一些关键变量的尺度。

二、MCN 机构

MCN 机构作为 UGC 平台和头部内容生成用户的中间主体，在 UGC 内容问题的审核中同样具有重要的作用，其行为策略包括是否对头部内容生成用户进行管理两种选择。“管理”指 MCN 机构按照平台、国家、道德规范标准，对旗下签约的头部内容生成用户进行内容质量方面的监督、约束和处罚；而“不管理”就是 MCN 机构对旗下头部内容生成用户的不合规行为置之不理甚至纵容旗下内容生成用户进行不合规内容生成，以期快速提升机构“红人流量”并获取短期高额收益。

如果选择不管理旗下头部内容生成用户，MCN 机构需要承担 UGC 平台选择审核时对其进行处罚的风险，同时也要承担孵化低质内容所造成的自身在行业内声誉损失的风险。而如果 MCN 机构选择管理旗下头部内容生成用户，一方面，其协同合作行为能够为 UGC 平台分摊一部分治理时所需的成本，同时头部内容生成用户将因受到直接管制而无法继续抱有侥幸心理进行低质内容生成；另一方面，MCN 机构会因为严格管理而降低自身因低质内容受到 UGC 平台处罚的风险，但同时也会受到一定程度的流量损失。

三、头部内容生成用户

头部内容生成用户作为 UGC 的主要生成用户，其行为策略包括合规与不合规两种选择。“合规”指头部内容生成用户认真完成内容生成、提升内容质量，同时严格遵守平台、国家以及道德规范标准；而“不合规”则指的是头部内容生成用户为了提升内容生成效率，降低内容生成质量甚至违反底线和规范，以期快速获取平台补助、流量广告等外部收益。

如果选择合规，头部内容生成用户需要承担合规生成内容所需的设备、时间、精力等成本。而如果选择不合规，一方面其生成内容成本将有所降低，更高的内容生成效率也能够为头部内容生成用户带来更多的平台奖励等收入；但另一方面要承担被 UGC 平台处罚的风险，特别是 MCN 机构采取管理策略时其受到处罚的概率更高，此外低质内容泛滥所造成的市场影响也会最终影响头部内容生成用户的收益。

综上所述，UGC 内容审核阶段参与主体治理的三方决策主体包括了 UGC 平台、MCN 机构和头部内容生成用户，三方主体的策略行为交互影响。UGC 内容审核阶段参与主体治理的决策主体关系如图 6.1 所示。

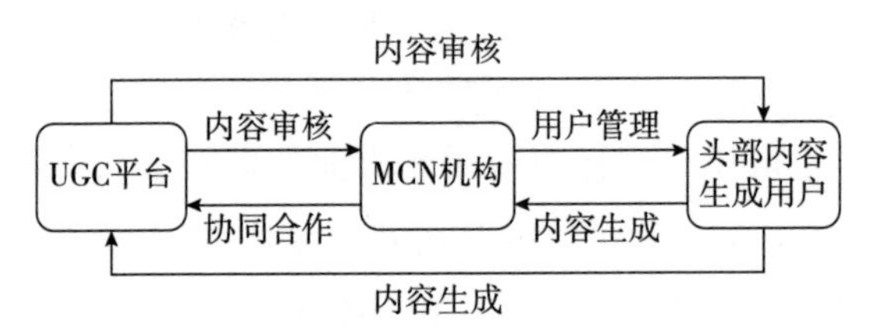

图 6.1　UGC 内容审核阶段参与主体治理的决策主体关系示意图

第二节　三方演化博弈模型构建

一、模型基本假设与损益变量说明

为了建立相应的三方演化博弈模型，本节做出如下假设：

假设 1　由“UGC 平台—MCN 机构—头部内容生成用户”三方主体及其决策行为组成，三方博弈主体的行为交互影响且各方主体均具有有限理性，此外各方在信息不对称前提下各自博弈，决策行为具有随机性。

假设 2 博弈主体的行为策略集：

UGC 平台的策略集 $S_p = \{审核 S_{p1}，不审核 S_{p2}\}$。为了有效控制 UGC 内容质量，UGC 平台会对内容生成用户和 MCN 机构采取一定的内容审核措施；但是平台采取内容审核措施会付出一定的审核成本，此外还要承担内容审核过严造成流量下降的损失性成本，因此并非所有的 UGC 平台都会采取审核措施。

MCN 机构的策略集 $S_m = \{管理 S_{m1}，不管理 S_{m2}\}$。在与平台的合作中，更高质量的头部内容生成用户群体和持久性的优质内容供给是 MCN 机构生存的基础，而劣质的头部内容生成用户和内容有可能会受到平台的惩罚甚至清退，因此 MCN 机构会积极主动地对旗下培养的头部内容生成用户进行管理；但同 UGC 平台一样，严格的管理会带来一定的成本并造成头部内容生成用户的脱离，有的 MCN 机构也会选择不进行管理。

头部内容生成用户的策略集 $S_u = \{合规 S_{u1}，不合规 S_{u2}\}$。“合规”行为指头部内容生成用户严格按照平台和政府对内容质量的规定，遵守基本的道德约束，在 UGC 平台上生成合规、高质的内容。然而有些用户为了快速提升知名度，或者希望在短时间内连续生成大量内容以获得更多的流量收益，生成质量低劣内容的不合规情况也成为其选择策略之一。

假设 3 演化博弈模型中，R_p、R_m 和 R_u 分别表示 UGC 平台、MCN 机构和头部内容生成用户所得到的外部收益；UGC 平台选择审核策略时需要付出相应的审核成本 M_p，同样 MCN 机构选择管理时也需要付出管理成本 M_m，头部内容生成用户选择合规时也要付出成本 M_u，同时记三方不选择相应策略时成本为 0。特别是，当 MCN 机构选择管理策略时，将会为 UGC 平台提供一定比例的成本分摊，成本分摊比例与 MCN 机构的管理强度正相关，记 k 为 MCN 机构对头部内容生成用户的管理强度，则被分摊后 UGC 平台的治理成本为 kM_m。

假设 4 当头部内容生成用户选择合规策略时，会因为严格遵循内容审核标准而降低内容生成效率，因此会为 UGC 平台和 MCN 机构带来一定程度的流量损失，分别记为 C_{p1} 和 C_{m1}；而当头部内容生成用户选择不合规策略时，大量不合规的内容又会为 UGC 平台和 MCN 机构带来声誉损失，这里分别记为 C_{p2} 和 C_{m2}。当 UGC 平台选择审核策略时，审核强度越大，流量损失越大，同时声誉损失越小；且流量损失增大，声誉损失减少。特别是，当 UGC 平台选择不审核策略而 MCN 机构选择管理策略时，由于 MCN 机构在技术、人力、经验上的不足，其对合规头部内容生成用户的管理将造成更大程度的流量损失，记为 $(1+k)C_{p1}$。

这里记 UGC 平台的审核强度为 α，指 UGC 平台所制定的内容审核标准的严格程度，对于同样的用户生成内容，审核强度越大头部内容生成用户和 MCN 机构越容易受到惩罚。另记 UGC 平台对 MCN 机构和头部内容生成用户的处罚力度为 W，即当内容属于 UGC 平台审核的负面标准范围并被平台审核到时，头部内容生成用户和 MCN 机构将会承担的处罚成本，通常包括扣除保证金、限制功能、清理账号、加入黑名单等措施。

假设 5 UGC 平台、MCN 机构、头部内容生成用户按照一定的概率来选择自己的行为。假设初始状态下 UGC 平台采取审核策略的概率是 x，不审核的概率是 $1-x$；MCN 机构采取管理策略的概率是 y，不管理的概率是 $1-y$；头部内容生成用户采取合规策略的概率是 z，不合规的概率是 $1-z$。其中，$0\leqslant x, y, z\leqslant 1$，均为时间 t 的函数。

根据以上演化博弈的模型假设，本书相关损益变量的选取和设定如表 6.1 所示。

表 6.1 三方演化博弈损益变量说明

损益变量	含义
α	表示 UGC 平台审核强度，$0<\alpha<1$
k	表示 MCN 机构的管理强度，$0<k<1$
W	表示 UGC 平台对 MCN 机构和头部内容生成用户造成的处罚力度
M_p	表示 UGC 平台采取审核策略时的成本
M_m	表示 MCN 机构采取管理策略时的成本
M_u	表示头部内容生成用户采取合规策略时的成本
C_{p1} 和 C_{p2}	分别表示头部内容生成用户带给 UGC 平台的流量损失（合规）、声誉损失（不合规）
C_{m1} 和 C_{m2}	分别表示头部内容生成用户带给 MCN 机构的流量损失（合规）、声誉损失（不合规）
R_p、R_m 和 R_u	分别表示 UGC 平台、MCN 机构和头部内容生成用户自身获得的外部性收益

二、演化博弈的支付矩阵构建

根据对 UGC 内容审核阶段参与主体治理的决策主体（UGC 平台、MCN 机构、头部内容生成用户）关系分析，以及三方演化博弈的基本假设，三个博弈主体支付矩阵的构建如表 6.2 所示。特别说明，当 UGC 平台采取不审核策略、MCN 机构采取不管理策略的同时头部内容生成用户采取不合规策略时，整个 UGC 行业内容生态将受到严重的破坏，UGC 平台面临严重的声誉和运营风险，此时假设其整体收益趋近于 0。

表 6.2 UGC 平台、MCN 机构、头部内容生成用户三方博弈主体的支付矩阵

博弈主体		UGC 平台审核（x）	UGC 平台不审核（$1-x$）
头部内容生成用户合规（z）	MCN 机构管理（y）	$\begin{bmatrix} R_p-kM_p-(1+\alpha)C_{p1} \\ R_m-M_m-(1+\alpha)C_{m1} \\ R_u-M_u \end{bmatrix}$	$\begin{bmatrix} R_p-(1+k)C_{p1} \\ R_m-M_m-C_{m1} \\ R_u-M_u \end{bmatrix}$
	MCN 机构不管理（$1-y$）	$\begin{bmatrix} R_p-M_p-(1+\alpha)C_{p1} \\ R_m-(1+\alpha)C_{m1}-\alpha W \\ R_u-M_u \end{bmatrix}$	$\begin{bmatrix} R_p-C_{p1} \\ R_m-C_{m1} \\ R_u-M_u \end{bmatrix}$
头部内容生成用户不合规（$1-z$）	MCN 机构管理（y）	$\begin{bmatrix} R_p-kM_p-(1-\alpha)C_{p2} \\ R_m-M_m-(1-\alpha)C_{m2} \\ R_u-W \end{bmatrix}$	$\begin{bmatrix} R_p-C_{p2} \\ R_m-M_m-C_{m2} \\ R_u \end{bmatrix}$
	MCN 机构不管理（$1-y$）	$\begin{bmatrix} R_p-M_p-(1-\alpha)C_{p2} \\ R_m-(1-\alpha)C_{m2}-\alpha W \\ R_u-\alpha W \end{bmatrix}$	$\begin{bmatrix} 0 \\ R_m-C_{m2} \\ R_u \end{bmatrix}$

注：审核强度越大，流量损失（$1+\alpha$）越大，声誉损失（$1-\alpha$）越小；UGC 平台不审核比审核时，流量损失减小，即（$1+\alpha$）$\to 1$，声誉损失增大，即（$1-\alpha$）$\to 1$。

第三节　三方演化博弈的均衡分析

一、期望收益函数

根据 UGC 内容审核阶段三个博弈主体的支付矩阵，得到 UGC 平台选择审核和不审核策略时的期望收益分别为 E_{p1} 和 E_{p2}：

$$E_{p1}=yz[R_p-kM_p-(1+\alpha)C_{p1}]+(1-y)z[R_p-M_p-(1+\alpha)C_{p1}]+ y(1-z)[R_p-kM_p-(1-\alpha)C_{p2}]+(1-y)(1-z)[R_p-M_p-(1-\alpha)C_{p2}]$$

$$E_{p2}=yz[R_p-(1+k)C_{p1}]+(1-y)z(R_p-C_{p1})+y(1-z)(R_p-C_{p2})$$

UGC 平台的平均期望收益为 $\overline{E_p}=xE_{p1}+(1-x)E_{p2}$。

同理，MCN 机构选择管理与不管理策略的期望收益分别为 E_{m1} 和 E_{m2}：

$$E_{m1}=xz[R_m-M_m-(1+\alpha)C_{m1}]+(1-x)z[R_m-M_m-C_{m1}]+ x(1-z)[R_m-M_m-(1-\alpha)C_{m2}]+(1-x)(1-z)[R_m-M_m-C_{m2}]$$

$$E_{m2}=xz[R_m-(1+\alpha)C_{m1}-\alpha W]+(1-x)z(R_m-C_{m1})+x(1-z)[R_m-(1-\alpha)C_{m2}- \alpha W]+(1-x)(1-z)[R_m-C_{m2}]$$

MCN 机构的平均期望收益为 $\overline{E_m}=yE_{m1}+(1-y)E_{m2}$。

同理，头部内容生成用户选择合规与不合规策略的期望收益分别为 E_{u1} 和 E_{u2}：

$$E_{u1}=xy(R_u-M_u)+(1-x)y(R_u-M_u)+x(1-y)(R_u-M_u)+(1-x)(1-y)(R_u-M_u)$$

$$E_{u2}=xy(R_u-W)+(1-x)yR_u+x(1-y)(R_u-\alpha W)+(1-x)(1-y)R_u$$

头部内容生成用户的平均期望收益为 $\overline{E_u}=zE_{u1}+(1-z)E_{u2}$。

二、基于复制动态方程的演化稳定策略分析

（一）UGC 平台的复制动态分析

UGC 平台的复制动态方程为：

$$\begin{aligned}P(x)&=(E_{p1}-\overline{E_p})x\\&=x(1-x)\begin{Bmatrix}R_p-M_p-(1-\alpha)C_{p2}+[-R_p+(1-k)M_p+C_{p2}]y+\\ [-R_p-\alpha C_{p1}+(1-\alpha)C_{p2}]z+(R_p+kC_{p1}-C_{p2})yz\end{Bmatrix}\end{aligned} \tag{6.1}$$

根据复制动态方程稳定性定理，要实现策略稳定 x 应满足 $P(x)=0$ 且 $P'(x)<0$。

若 $\begin{Bmatrix}R_p-M_p-(1-\alpha)C_{p2}+[-R_p+(1-k)M_p+C_{p2}]y+\\ [-R_p-\alpha C_{p1}+(1-\alpha)C_{p2}]z+(R_p+kC_{p1}-C_{p2})yz\end{Bmatrix}=0$，即 $z=\dfrac{b+ay}{d+cy}=0$（其中，

$a=-R_p+(1-k)M_p+C_{p2}$，$b=R_p-M_p-(1-\alpha)C_{p2}$，$c=-R_p-kC_{p1}+C_{p2}$，$d=R_p+\alpha C_{p1}-(1-\alpha)C_{p2}$）时，$P(x)\equiv 0$，$x$ 取任何值都是稳定策略。

除此之外，$x=0$ 和 $x=1$ 为稳定策略点。

$$P'(x)=(1-2x)\begin{Bmatrix}R_p-M_p-(1-\alpha)C_{p2}+[-R_p+(1-k)M_p+C_{p2}]y+\\ [-R_p-\alpha C_{p1}+(1-\alpha)C_{p2}]z+(R_p+kC_{p1}-C_{p2})yz\end{Bmatrix} \tag{6.2}$$

当 $z>\frac{b+ay}{d+cy}$时，$x=0$ 是稳定策略点，即 UGC 平台选择不审核；

当 $z<\frac{b+ay}{d+cy}$时，$x=1$ 是稳定策略点，即 UGC 平台选择审核。

记三维空间，$A=\{M(x,y,z)\mid 0\leqslant x\leqslant 1,0\leqslant y\leqslant 1,0\leqslant z\leqslant 1\}$。

截面 G_1：$z=\frac{b+ay}{d+cy}$（其中 $a=-R_p+(1-k)M_p+C_{p2}$，$b=R_p-M_p-(1-\alpha)C_{p2}$，$c=-R_p-kC_{p1}+C_{p2}$，$d=R_p+\alpha C_{p1}-(1-\alpha)C_{p2}$）。

UGC 平台的动态趋势如图 6.2 所示，截面 G_1 把空间 A 分为上下两个部分，分别记为空间 H_{11}和空间 H_{12}，当博弈的初始状态位于截面上部，即在空间 H_{11}内时，系统经过演化后 UGC 平台的最终策略为不审核；反之，若初始状态位于截面下部，即在空间 H_{12}内时，则 UGC 平台的最终策略为审核。

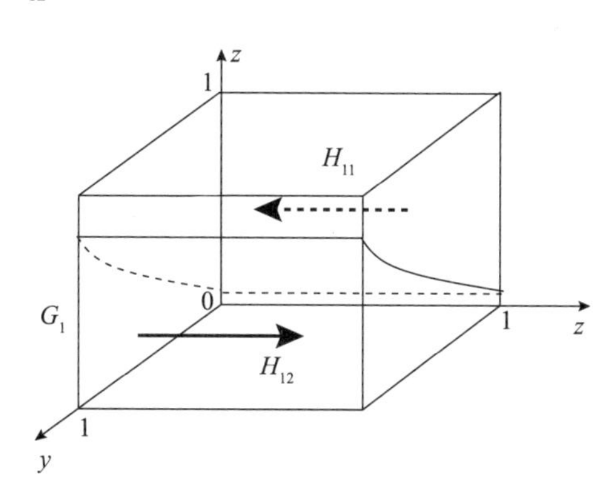

图 6.2　UGC 平台策略动态趋势图

（二）MCN 机构的复制动态分析

MCN 机构的复制动态方程为：

$$M(y)=(E_{m1}-\overline{E_m})y=y(1-y)[\alpha Wx-M_m] \tag{6.3}$$

若 $x=\frac{M_m}{\alpha W}$ 时，$M(y)\equiv 0$，y 取任何值都是稳定策略。

除此之外，$y=0$ 和 $y=1$ 为稳定策略点。

$$M'(y)=(1-2y)[\alpha Wx-M_m] \tag{6.4}$$

当 $x<\frac{M_m}{\alpha W}$ 时，$y=0$ 是稳定策略点，即 MCN 机构选择不管理；

当 $x>\frac{M_m}{\alpha W}$ 时，$y=1$ 是稳定策略点，即 MCN 机构选择管理。

MCN 机构策略选择的动态趋势如图 6.3 所示。MCN 机构是否采取管理策略与 UGC 平台策略比例密切相关，以直线 $G_2\left(x=\frac{M_m}{\alpha W}\right)$ 为界线，当 UGC 平台策略比例低于$\frac{M_m}{\alpha W}$，即在空间 H_{21} 内时，MCN 机构选择不管理策略；而当这一比例高于$\frac{M_m}{\alpha W}$，即在空间 H_{22} 内时，MCN 机构选择管理策略。

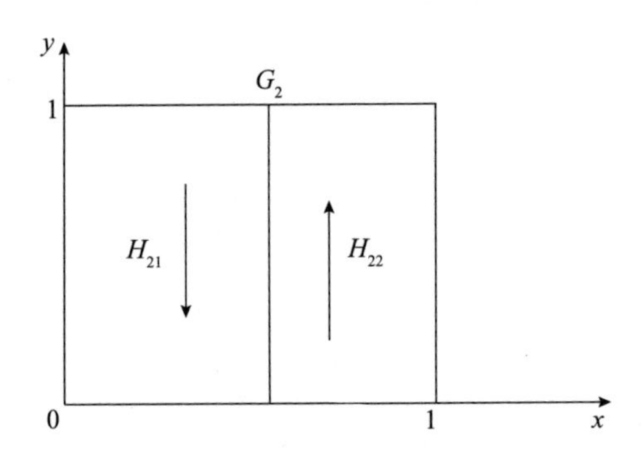

图 6.3　MCN 机构策略动态趋势图

（三）头部内容生成用户的复制动态分析

头部内容生成用户的复制动态方程为：

$$U(z)=(E_{u1}-\overline{E_u})z=z(1-z)[\alpha Wx+(1-\alpha)Wxy-M_u] \tag{6.5}$$

若 $y=\frac{M_u}{1-\alpha Wx}-\frac{\alpha}{1-\alpha}$ 时，$U(z)\equiv 0$，z 取任何值都是稳定策略。除此之外，$z=0$ 和 $z=1$ 为稳定策略点。

$$U'(z)=(1-2z)[\alpha Wx+(1-\alpha)Wxy-M_u] \tag{6.6}$$

当 $y<\frac{M_u}{1-\alpha Wx}-\frac{\alpha}{1-\alpha}$ 时，$z=0$ 是稳定策略点，即头部内容生成用户选择不合规；

当 $y>\frac{M_u}{1-\alpha Wx}-\frac{\alpha}{1-\alpha}$ 时，$z=1$ 是稳定策略点，即头部内容生成用户选择合规。

头部内容生成用户策略选择的动态趋势如图 6.4 所示。头部内容生成用户策略选择与 UGC 平台和 MCN 机构策略比例关系具有相关性，曲面 $G_3\left(y=\frac{M_u}{1-\alpha Wx}-\frac{\alpha}{1-\alpha}\right)$ 为分隔界面，当 UGC 平台和 MCN 机构策略比例关系在曲面 G_3 右侧，即在空间 H_{31} 内时，头部内容生成用户选择不合规策略；相反，当 UGC 平台和 MCN 机构策略比例关系在曲面 G_3 左侧，即在空间 H_{32} 内时，头部内容生成用户选择合规策略。

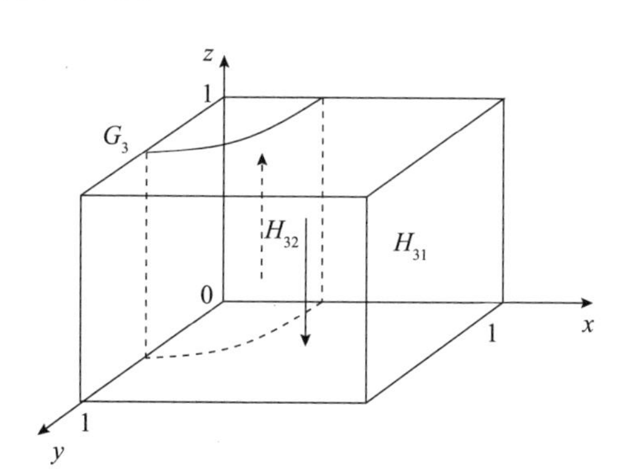

图 6.4　头部内容生成用户策略动态趋势

三、演化博弈结果的稳定性分析

（一）均衡点稳定性求解

为求得三方博弈均衡解，联立复制动态方程为式（6.7）：

$$
\begin{cases}
P(x)=x(1-x)\begin{Bmatrix} R_p-M_p-(1-\alpha)C_{p2}+[-R_p+(1-k)M_p+C_{p2}]y+ \\ [-R_p-\alpha C_{p1}+(1-\alpha)C_{p2}]z+(R_p+kC_{p1}-C_{p2})yz \end{Bmatrix}=0 \\
M(y)=y(1-y)[\alpha Wx-M_m]=0 \\
U(z)=z(1-z)[\alpha Wx+(1-\alpha)Wxy-M_u]=0
\end{cases} \tag{6.7}
$$

博弈方程的八个特殊均衡点分别为 $E_1(0,0,0)$，$E_2(1,0,0)$，$E_3(0,1,0)$，$E_4(0,0,1)$，$E_5(1,1,0)$，$E_6(1,0,1)$，$E_7(0,1,1)$，$E_8(1,1,1)$。

此外还存在满足式（6.8）的均衡解 $E(x^*,\ y^*,\ z^*)$：

$$
\begin{cases}
R_p-M_p-(1-\alpha)C_{p2}+[-R_p+(1-k)M_p+C_{p2}]y+ \\
[-R_p-\alpha C_{p1}+(1-\alpha)C_{p2}]z+(R_p-C_{p2})yz=0 \\
\alpha Wx-M_m=0 \\
\alpha Wx+(1-\alpha)Wxy-M_u=0
\end{cases} \tag{6.8}
$$

解得：

$$
E(x^*,y^*,z^*)=\left(x=\frac{M_m}{\alpha W},\ y=\frac{M_u}{1-M_m}-\frac{\alpha}{1-\alpha},\ z=\frac{b-bM_m+aM_u}{d-dM_m+cM_u}\right)
$$

其中，$a=-R_p+(1-k)M_p+C_{p2}$，$b=R_p-M_p-(1-\alpha)C_{p2}$，$c=-R_p+C_{p2}$，$d=R_p+\alpha C_{p1}-(1-\alpha)C_{p2}$。

Ritzberger 和 Weibull（1996）的研究结论指出，在非对称博弈中只需讨论纯策略均衡的渐近稳定性即可。因此本书不考虑 $E(x^*,y^*,z^*)$，只需讨论 $E_1(0,0,0)$，$E_2(1,0,0)$，$E_3(0,1,0)$，$E_4(0,0,1)$，$E_5(1,1,0)$，$E_6(1,0,1)$，$E_7(0,1,1)$，$E_8(1,1,1)$ 八个均衡点的渐进稳定性即可。八个均衡点的渐近稳定性的判定由李雅普诺夫判别法（间接法）得出，求解博弈方程的雅可比矩阵以及特征值。将 $P(x)$、$M(y)$ 以及 $U(z)$ 分别对 x、y、z 求一阶偏导数，得出博弈方程的雅可比矩阵如式（6.9）所示：

$$
J=\begin{bmatrix} P_x(x) & P_y(x) & P_z(x) \\ M_x(y) & M_y(y) & M_z(y) \\ U_x(z) & U_y(z) & U_z(z) \end{bmatrix} \tag{6.9}
$$

根据李雅普诺夫第一方法可知，均衡点的稳定性可通过分析雅克比矩阵的特征值 λ 得出，当该均衡点的所有特征值 $\lambda>0$ 时，为不稳定点；当该均衡点雅克比矩阵的所有特征值 λ 有正有负时，为鞍点；只有当该均衡点雅克比矩阵的

所有特征值 $\lambda<0$ 时，才为稳定点。本书以均衡点 $E_1(0,0,0)$ 为例进行雅克比矩阵和特征值求解，其余均衡点均据此得出。

纯策略纳什均衡点 $E_1(0,0,0)$ 的雅克比矩阵为式（6.10）：

$$J_1=\begin{bmatrix} R_p-M_p-(1-\alpha)C_{p2} & 0 & 0 \\ 0 & -M_m & 0 \\ 0 & 0 & -M_u \end{bmatrix} \tag{6.10}$$

上述矩阵的特征多项式可以表示为式（6.11）：

$$\begin{bmatrix} \lambda-[R_p-M_p-(1-\alpha)C_{p2}] & 0 & 0 \\ 0 & \lambda+M_m & 0 \\ 0 & 0 & \lambda+M_u \end{bmatrix}=0 \tag{6.11}$$

故均衡点 E_1（0，0，0）的三个特征值分别为：

$$\lambda_1=R_p-M_p-(1-\alpha)C_{p2};\ \lambda_2=-M_m;\ \lambda_3=-M_u$$

根据上述求证过程，可以得出 $E_1(0,0,0)$，$E_2(1,0,0)$，$E_3(0,1,0)$，$E_4(0,0,1)$，$E_5(1,1,0)$，$E_6(1,0,1)$，$E_7(0,1,1)$，$E_8(1,1,1)$ 八个均衡点的渐进稳定性。各均衡点的特征值及稳定性分析如表 6.3 所示。

表 6.3　所有均衡点的稳定性分析

均衡点	特征值	稳定性
$E_1(0,0,0)$	$\lambda_1=R_p-M_p-(1-\alpha)C_{p2}$ $\lambda_2=-M_m<0$ $\lambda_3=-M_u<0$	当 $R_p<M_p+(1-\alpha)C_{p2}$时，为稳定点； 当 $R_p>M_p+(1-\alpha)C_{p2}$时，为鞍点
$E_2(1,0,0)$	$\lambda_1=-[R_p-M_p-(1-\alpha)C_{p2}]$ $\lambda_2=\alpha W-M_m$ $\lambda_3=\alpha W-M_u$	当 $R_p>M_p+(1-\alpha)C_{p2}$，且 $\alpha W<M_m$，$\alpha W<M_u$ 时，为稳定点； 否则为不稳定点或鞍点
$E_3(0,1,0)$	$\lambda_1=-kM_p+\alpha C_{p2}$ $\lambda_2=M_m>0$ $\lambda_3=-M_u<0$	鞍点
$E_4(0,0,1)$	$\lambda_1=-M_p-\alpha C_{p1}$ $\lambda_2=-M_m<0$ $\lambda_3=M_u>0$	鞍点

续表

均衡点	特征值	稳定性
$E_5(1,1,0)$	$\lambda_1=kM_p-\alpha C_{p2}$ $\lambda_2=M_m-\alpha W$ $\lambda_3=W-M_u$	当 $kM_p<\alpha C_{p2}$，且 $M_m<\alpha W$，$W<M_u$ 时，为稳定点；否则为不稳定点或鞍点
$E_6(1,0,1)$	$\lambda_1=M_p+\alpha C_{p1}>0$ $\lambda_2=\alpha W-M_m$ $\lambda_3=M_u-\alpha W$	不稳定点或鞍点
$E_7(0,1,1)$	$\lambda_1=(k-\alpha)C_{p1}-kM_p$ $\lambda_2=M_m>0$ $\lambda_3=M_u>0$	不稳定点或鞍点
$E_8(1,1,1)$	$\lambda_1=kM_p-(k-\alpha)C_{p1}$ $\lambda_2=M_m-\alpha W$ $\lambda_3=M_u-W$	当 $kM_p<(k-\alpha)C_{p1}$，且 $M_m<\alpha W$，$M_u<W$ 时，为稳定点；否则为不稳定点或鞍点

（二）稳定点情况分析

从表 6.3 的结果看出，排除 $E_3(0,1,0)$、$E_4(0,0,1)$、$E_6(1,0,1)$、$E_7(0,1,1)$，只进行 $E_1(0,0,0)$、$E_2(1,0,0)$、$E_5(1,1,0)$、$E_8(1,1,1)$ 四个稳定点对 UGC 内容审核阶段参与主体的三方博弈稳定性的讨论。

（1）当 $R_p<M_p+(1-\alpha)C_{p2}$时，即 UGC 平台的外部性收益小于平台审核成本与相应审核强度下的声誉损失成本之和，$E_1(0,0,0)$ 为稳定均衡点，即博弈趋近于｛UGC 平台不审核，MCN 机构不管理，头部内容生成用户不合规｝的稳定状态，其中审核强度 α 越小，越容易趋近于这一状态。

（2）当 $R_p>M_p+(1-\alpha)C_{p2}$，且 $\alpha W<M_m$，$\alpha W<M_u$ 时，即 UGC 平台的外部性收益大于平台审核成本与审核强度下的声誉损失成本之和，且审核强度下的处罚力度小于 MCN 机构的管理成本同时小于头部内容生成用户的合规成本，$E_2(1,0,0)$ 为稳定均衡点，即博弈会趋近于｛UGC 平台审核，MCN 机构不管理，头部内容生成用户不合规｝的稳定状态。也就是说，要达到这一稳定状态，UGC 平台审核成本要足够低，同时平台采取了较低的审核强度和处罚力度，此外 MCN 机构和头部内容生成用户的管理成本与合规成本也较低。

（3）当 $kM_p<\alpha C_{p2}$，且 $\alpha W>M_m$，$W<M_u$ 时，即 MCN 机构管理强度与 UGC 平台审核强度的比值，小于头部内容生成用户不合规对 UGC 平台造成的声誉损失与平台的审核成本的比值，同时该审核强度下的处罚力度大于 MCN 机构的管理成本，而同样审核强度下的处罚力度小于头部内容生成用户的合规成本，这样的条件下 $E_5(1,1,0)$ 为稳定均衡点，即博弈会趋近于｛UGC 平台审核，MCN 机构管理，头部内容生成用户不合规｝的稳定状态。在给定审核强度和处罚力度之下，需要头部内容生成用户的合规成本极其高时才能够出现这种稳定状态。

（4）当 $kM_p<(k-\alpha)C_{p1}$，且 $M_m<\alpha W$，$M_u<W$ 时，即 MCN 机构管理强度与其减去 UGC 平台审核强度差值的比值，小于头部内容生成用户合规对 UGC 平台造成的流量损失与平台审核成本的比值，同时固定审核强度下的处罚力度大于 MCN 机构的管理成本且大于头部内容生成用户的合规成本，这时 $E_8(1,1,1)$ 成为稳定均衡点，博弈会趋近于｛UGC 平台审核，MCN 机构管理，头部内容生成用户合规｝的稳定状态。特别是，这一稳定均衡状态为 UGC 内容审核阶段进行参与主体治理的期望状态，下文的模拟仿真分析也将围绕这一期望进行分析。

第四节　UGC 平台对博弈演化结果的作用分析

通过上述对 UGC 平台、MCN 机构、头部内容生成用户三方演化博弈模型的均衡点分析能够看出，不论 UGC 平台采取何种行为策略，MCN 机构和头部内容生成用户的策略组合｛管理，不管理｝、｛合规，不合规｝将长期共存。博弈系统的演化路径和最终的稳定性情况将取决于系统中的关键性参数，不同的参数约束条件将产生不同的稳定结果。本书基于演化博弈中的关键参数，包括 UGC 平台的审核强度、处罚力度、审核成本，MCN 机构的管理强度，头部内容生成用户造成的声誉损失、流量损失等，探讨参数变化对三方演化结果的影响。

在相关参数中，各类成本、损失和收益均为较客观的数值，是受到市场、行业水平、用户习惯、贴现率等多种因素交互影响下的结果，不易受到参与主体的主观意志转移而改变。而 UGC 平台审核强度 α、惩罚力度 W、MCN 机构的管理力度 k 则是较为主观的参数，其中审核强度 α、惩罚力度 W 代表了 UGC 平台对三方演化博弈的稳定性起到的关键影响。因此本书重点讨论 UGC 平台的审核强度 α 和惩罚力度 W 这两个关键参数对演化博弈稳定结果的影响，从而深入探索 UGC 平台在内容审核阶段参与主体治理实现过程中的重要作用。

一、UGC 平台审核强度对演化稳定性的影响

（一）审核强度不足

由于 $0<\alpha<1$，当审核强度 α 不足时，我们假设其足够小并趋近于 0。在此假设条件下三方演化博弈所有均衡点的稳定性如表 6.4 所示。

表 6.4　审核强度 α 趋近于 0 时三方演化博弈的稳定性分析

均衡点		$E_1(0,0,0)$	$E_2(1,0,0)$	$E_3(0,1,0)$	$E_4(0,0,1)$	$E_5(1,1,0)$	$E_6(1,0,1)$	$E_7(0,1,1)$	$E_8(1,1,1)$
特征值	λ_1	—	—	<0	<0	>0	>0	—	—
	λ_2	<0	<0	>0	<0	>0	<0	>0	>0
	λ_3	<0	<0	<0	>0	—	>0	>0	—
稳定性		$R_p<M_p+C_{p2}$ 时为稳定点	$R_p>M_p+C_{p2}$ 时为稳定点	不稳定	不稳定	不稳定	不稳定	不稳定	不稳定

从表 6.4 可知，当 UGC 平台的审核强度过低时，只有 $E_1(0,0,0)$、$E_2(1,0,0)$ 两种均衡情况可能出现稳定状态。当满足 $R_p<M_p+C_{p2}$，即当 UGC 平台的收益小于平台审核成本与头部内容生成用户不合规造成的声誉损失之和时，参与主体的演化将趋向于｛不审核，不管理，不合规｝的稳定状态；而当 $R_p>M_p+C_{p2}$，即 UGC 平台的收益大于平台审核成本与头部内容生成用户不合规造成的声誉损失之和时，也只能实现 UGC 平台趋向于审核策略，而对 MCN 机构和头部内容生成用户并无影响，参与主体的演化趋向于｛审核，不管理，不合规｝的稳定状态。

结果说明，UGC 平台审核强度 α 过低时，无法实现参与主体治理所期望的｛审核，管理，合规｝的稳定状态。

（二）审核强度过高

当审核强度 α 过高时，我们假设其足够大并趋近于 1，在此假设条件下三方演化博弈所有均衡点的稳定性如表 6.5 所示。

表 6.5　审核强度 α 趋近于 1 时三方演化博弈的稳定性分析

均衡点		$E_1(0,0,0)$	$E_2(1,0,0)$	$E_3(0,1,0)$	$E_4(0,0,1)$	$E_5(1,1,0)$	$E_6(1,0,1)$	$E_7(0,1,1)$	$E_8(1,1,1)$
特征值	λ_1	—	—	—	<0	—	>0	—	—
	λ_2	<0	—	>0	<0	—	—	>0	—
	λ_3	<0	—	<0	>0	—	—	>0	—
稳定性		$R_p<M_p$ 时为稳定点	$R_p>M_p$ $W<M_m$ $W<M_u$ 时为稳定点	不稳定	不稳定	$kM_p<C_{p2}$ $W>M_m$ $W<M_u$ 时为稳定点	不稳定	不稳定	$k>\frac{C_{p1}}{C_{p1}-M_p}$ $W>M_m$ $W>M_u$ 时为稳定点

从表 6.5 可知，当 UGC 平台的审核强度过高时，存在 $E_1(0,0,0)$、$E_2(1,0,0)$、$E_5(1,1,0)$、$E_8(1,1,1)$ 四个可能的稳定状态。当满足 $R_p<M_p$，即 UGC 平台收益小于其审核成本时，会出现｛不审核，不管理，不合规｝的稳定状态；当满足 $R_p>M_p$、$W<M_m$、$W<M_u$，即 UGC 平台收益大于其审核成本且平台处罚力度小于 MCN 机构的管理成本和头部内容生成用户的合规成本时，会出现｛审核，不管理，不合规｝的稳定状态；当满足 $kM_p<C_{p2}$、$W>M_m$、$W<M_u$，即 MCN 机构对平台审核成本的分摊量小于头部内容生成用户不合规造成的声誉损失，且平台的处罚力度小于 MCN 机构管理成本而大于头部内容生成用户的合规成本时，会出现｛审核，管理，不合规｝的稳定状态；特别是，对于均衡点 $E_8(1,1,1)$ 的稳定状态需要满足处罚力度同时大于 MCN 机构的管理成本和头部内容生成用户的合规成本，还需要满足 $k>\frac{C_{p1}}{C_{p1}-M_p}$，然而由于 $0<k<1$ 的约束，因此达到稳定状态的条件无法实现。

结果说明，UGC 平台审核强度 α 过高时，仍然无法实现参与主体治理所期望的｛审核，管理，合规｝的稳定状态。

（三）审核强度的合理区间

过低或过高的 UGC 平台审核强度 α 都无法实现 UGC 参与主体治理所期望的｛审核，管理，合规｝稳定状态，通过考察审核强度由低到高的增长过程，能够推导出其助推参与主体实现 UGC 参与主体治理期望的稳定状态的合理区间。表 6.6 展示了随着审核强度 α 的逐渐增大，演化博弈稳定性的情况。

表 6.6　审核强度 α 逐渐增大情况下三方演化博弈的稳定性情况

均衡点		$E_1(0,0,0)$	$E_2(1,0,0)$	$E_3(0,1,0)$	$E_4(0,0,1)$	$E_5(1,1,0)$	$E_6(1,0,1)$	$E_7(0,1,1)$	$E_8(1,1,1)$
特征值	λ_1	↑	↓	↑	↓	↓	>0	↓	↑
	λ_2	<0	↑	>0	<0	↓	↑	>0	↓
	λ_3	<0	↑	<0	>0	—	↓	>0	—
稳定性		随着 α 的增大而失去稳定状态	α 在特定的区间内出现稳定状态	不稳定	不稳定	$W<M_u$ 时，随着 α 的增大出现稳定状态	不稳定	不稳定	$\alpha<\frac{k(C_{p1}-M_p)}{C_{p1}}$，$\alpha>\frac{M_m}{W}$，$W>M_u$ 时，为稳定点

从表 6.6 中能够看到，均衡点 $E_1(0,0,0)$、$E_2(1,0,0)$、$E_5(1,1,0)$、$E_8(1,1,1)$ 稳定性情况与审核强度 α 变化的关系。从结果可知，当满足 $W>M_u$，即 UGC 平台处罚成本大于头部内容生成用户的违规成本时，UGC 平台审核强度 α 处在 $\left(\frac{M_m}{W},\ \frac{k(C_{p1}-M_p)}{C_{p1}}\right)$ 的区间内，能够实现 UGC 参与主体治理所期望的｛审核，管理，合规｝的稳定状态。

二、UGC 平台处罚力度对演化稳定性的影响

在给定其他参数均满足的条件下，下文将分析处罚力度 W 的变化对三方演化博弈的稳定性的影响。随着处罚力度 W 的逐渐增大，演化博弈的稳定性情况见表 6.7。

表 6.7 处罚力度 W 逐渐增大情况下三方演化博弈的稳定性情况

均衡点		$E_1(0,0,0)$	$E_2(1,0,0)$	$E_3(0,1,0)$	$E_4(0,0,1)$	$E_5(1,1,0)$	$E_6(1,0,1)$	$E_7(0,1,1)$	$E_8(1,1,1)$
特征值	λ_1	—	—	—	<0	—	>0	—	—
	λ_2	<0	↑	>0	<0	↓	—	>0	↓
	λ_3	<0	↑	<0	>0	↑	—	>0	↓
稳定性		$R_p<M_p+(1-\alpha)C_{p2}$ 时，为稳定点	$R_p>M_p$ 时，随着 W 的增大失去稳定状态	不稳定	不稳定	$k<\frac{C_{p2}}{M_p}$ $\frac{M_m}{\alpha}<W<M_u$ 时，为稳定点	不稳定	不稳定	$k>\frac{C_{p1}}{C_{p1}-M_p}$ 时，随着 W 的增大出现稳定状态

从表 6.7 看出，可能存在 $E_1(0,0,0)$、$E_2(1,0,0)$、$E_5(1,1,0)$、$E_8(1,1,1)$ 四个可能的稳定状态。

（1）均衡点 $E_1(0,0,0)$ 的稳定状态不受处罚力度 W 变化的影响，只要其他参数满足 $R_p<M_p+(1-\alpha)C_{p2}$ 条件，则能够出现该稳定状态。

（2）在满足 $R_p>M_p$ 的约束条件下，当处罚力度 W 足够小时，存在 λ_2 和 λ_3 同时小于 0 的情况，$E_2(1,0,0)$ 成为三方演化博弈的稳定点；而随着处罚力度的逐渐增大，λ_2 和 λ_3 也随之增大，稳定状态逐渐失去。

（3）均衡点 $E_5(1,1,0)$ 的稳定性较为复杂，在满足 $k<\frac{C_{p2}}{M_p}$ 的约束条件下，只有当处罚力度 W 处于一定区间内时才会出现稳定状态，即 $\frac{M_m}{\alpha}<W<M_u$ 时 $E_5(1,1,0)$ 为稳定点。当处罚力度增大或减少超出区间范围内后，都会失去稳定状态。

（4）最后是均衡点 $E_8(1,1,1)$ 的稳定情况。在其他参数一定，且满足 $k>\frac{C_{p1}}{C_{p1}-M_p}$ 的约束条件下，随着处罚力度 W 的增大，最终能够出现 λ_2 和 λ_3 同时小于 0 的情况，演化博弈达到稳定状态。

结果说明，在条件一定的情况下特别是在适当的审核强度下，当审核发现违规情况时 UGC 平台应当尽量提升处罚力度，这样才有助于最终实现 UGC 参与主体治理所期望的｛审核，管理，合规｝稳定状态。

第五节　仿真分析

为了验证所构建的演化博弈模型以及上述分析结果，同时进一步分析相关变量对演化博弈的实际影响，验证 UGC 平台在内容审核阶段参与主体治理实现的关键性作用，本节利用 Matlab 2018b 软件对三方演化博弈模型进行数值模拟，对参与决策的三方主体 UGC 平台、MCN 机构和头部内容生成用户的相关参数进行了仿真分析。

基于上述演化分析结果，为了实现 UGC 参与主体治理所期望的 $E_8(1,1,1)$ 稳定均衡点，即{UGC 平台审核，MCN 机构管理，头部内容生成用户合规}这一稳定均衡状态，参数值应满足 $kM_p<(k-\alpha)C_{p1}$，且 $M_m<\alpha W$，$M_u<W$。因此，将假定参数的初始值设定为 $\alpha=0.5$，$W=5$，$k=0.8$，$M_p=1$，$M_m=1.5$，$M_u=2$，$C_{p1}=3$，$C_{p2}=2$，$C_{m1}=2$，$C_{m2}=2$，$R_p=5$，$R_m=3$，$R_u=2$。

一、UGC 平台审核强度对博弈演化影响的仿真分析

基于本书上一节中所讨论的 UGC 平台审核强度 α 对演化稳定性的影响情况，在其他参数固定的情况下，审核强度过低或过高都无法实现 UGC 参与主体治理所期望的{UGC 平台审核，MCN 机构管理，头部内容生成用户合规}稳定状态。只有在 UGC 平台审核强度 α 处在 $\left(\frac{M_m}{W},\frac{k(C_{p1}-M_p)}{C_{p1}}\right)$ 的区间时，期望的稳定状态才能够出现。因此本部分通过对 UGC 平台审核强度 α 数值进行变化，仿真三方博弈的演化过程，检验和探索其在 UGC 参与主体治理实现过程中的作用路径。

（一）低、中、高三种审核强度仿真

本部分分别讨论低、中、高三种情况下审核强度对三方主体策略选择演化趋势的影响。根据审核强度合理区间 $\left(\frac{M_m}{W},\frac{k(C_{p1}-M_p)}{C_{p1}}\right)$ 的推论，用 $\alpha=0.1$ 和

$\alpha=0.3$模拟低审核强度，$\alpha=0.4$ 和 $\alpha=0.5$ 模拟中等审核强度，$\alpha=0.8$ 和 $\alpha=0.9$ 模拟高审核强度。其他参数初始值不变，使用上述 α 值分别进行仿真模拟，仿真结果如图 6.5、图 6.6 和图 6.7 所示。

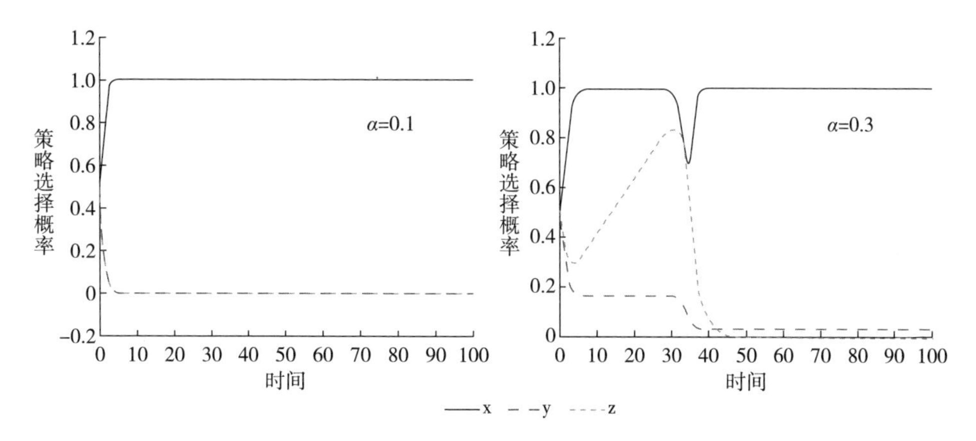

图 6.5　低审核强度对三方主体策略选择演化趋势的影响

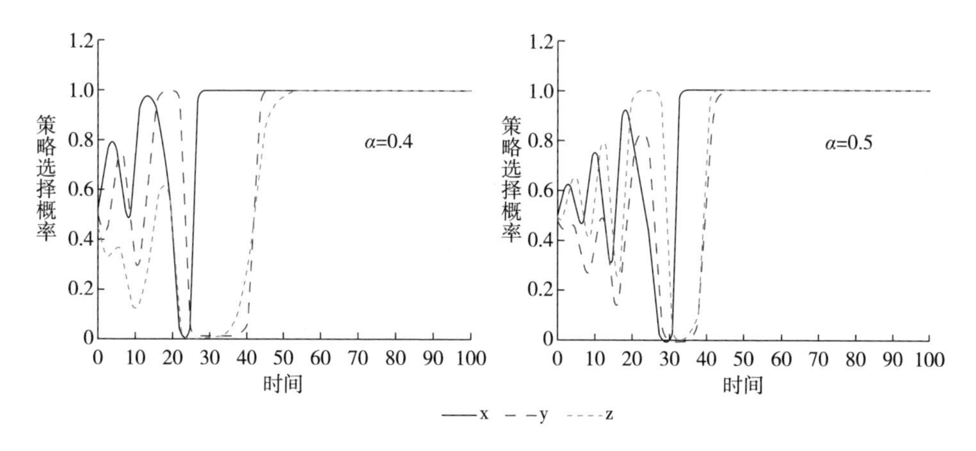

图 6.6　中等审核强度对三方主体策略选择演化趋势的影响

仿真结果显示，当 UGC 平台审核强度过低时，三方博弈主体的均衡稳定点为 $E_2(1,0,0)$ 和 $E_6(1,0,1)$，即｛UGC 平台审核，MCN 机构不管理，头部内容生成用户不合规｝和｛UGC 平台审核，MCN 机构不管理，头部内容生成用户合规｝的演化稳定状态；而当 UGC 平台审核强度过高时，又出现了博弈三方主体策略均无法达到稳定状态的情况；只有当 UGC 平台审核强度适中时，三方

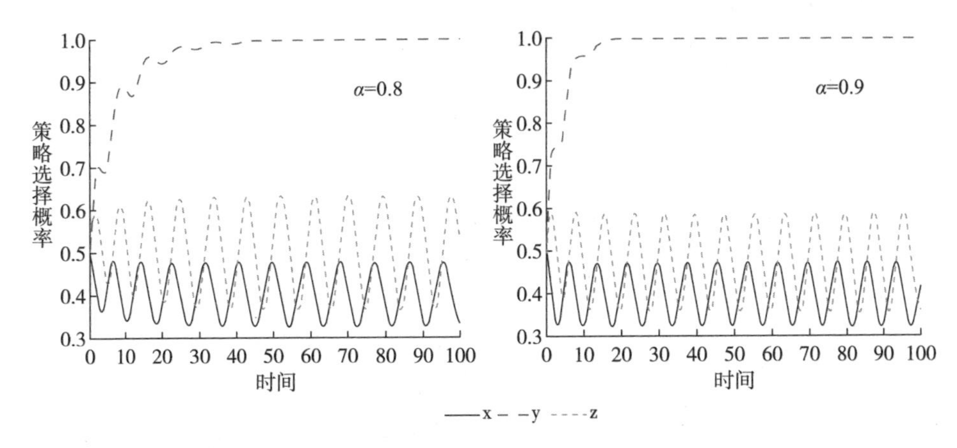

图 6.7　高审核强度对三方主体策略选择演化趋势的影响

博弈主体才会实现均衡稳定点 $E_8(1,1,1)$，即｛UGC 平台审核，MCN 机构管理，头部内容生成用户合规｝的均衡稳定状态。

（二）合理区间内审核强度仿真

根据审核强度合理区间 $\left(\frac{M_m}{W},\frac{k(C_{p1}-M_p)}{C_{p1}}\right)$ 的推论，在其他参数不变的情况下，UGC 平台审核强度在（0.3，0.53）区间内能够实现演化博弈的稳定结果为｛UGC 平台审核，MCN 机构管理，头部内容生成用户合规｝。从前文仿真分析的结果看出，$\alpha=0.4$ 和 $\alpha=0.5$ 所模拟的中等审核强度下三方博弈的演化结果确实趋于 UGC 参与主体治理期望的稳定结果。为了探究在合理区间内 UGC 平台的审核强度对稳定结果的最终形成有怎样的促进作用，本书分别取 $\alpha=0.31$，$\alpha=0.33$，$\alpha=0.39$，$\alpha=0.42$，$\alpha=0.47$，$\alpha=0.52$ 六个离散点，进一步对 $\alpha\in(0.3,0.53)$ 的范围取值进行演化博弈仿真，仿真结果如图 6.8 所示。

图 6.8 中时间 t 为参与主体策略达到均衡稳定点的时间，仿真结果显示，当 $\alpha=0.31$ 时 $t=541.9$，当 $\alpha=0.33$ 时 $t=83.6$，当 $\alpha=0.39$ 时 $t=74.15$，当 $\alpha=0.42$ 时 $t=46.12$，当 $\alpha=0.47$ 时 $t=43.72$，当 $\alpha=0.52$ 时 $t=39.4$。结果说明，UGC 平台审核强度在（0.3，0.53）的合理区间内逐渐增大时，三方参与主体的策略均衡趋于（1，1，1）稳定状态的时间逐渐减少，UGC 参与主体治理所期望的｛UGC 平台审核，MCN 机构管理，头部内容生成用户合规｝均衡稳定

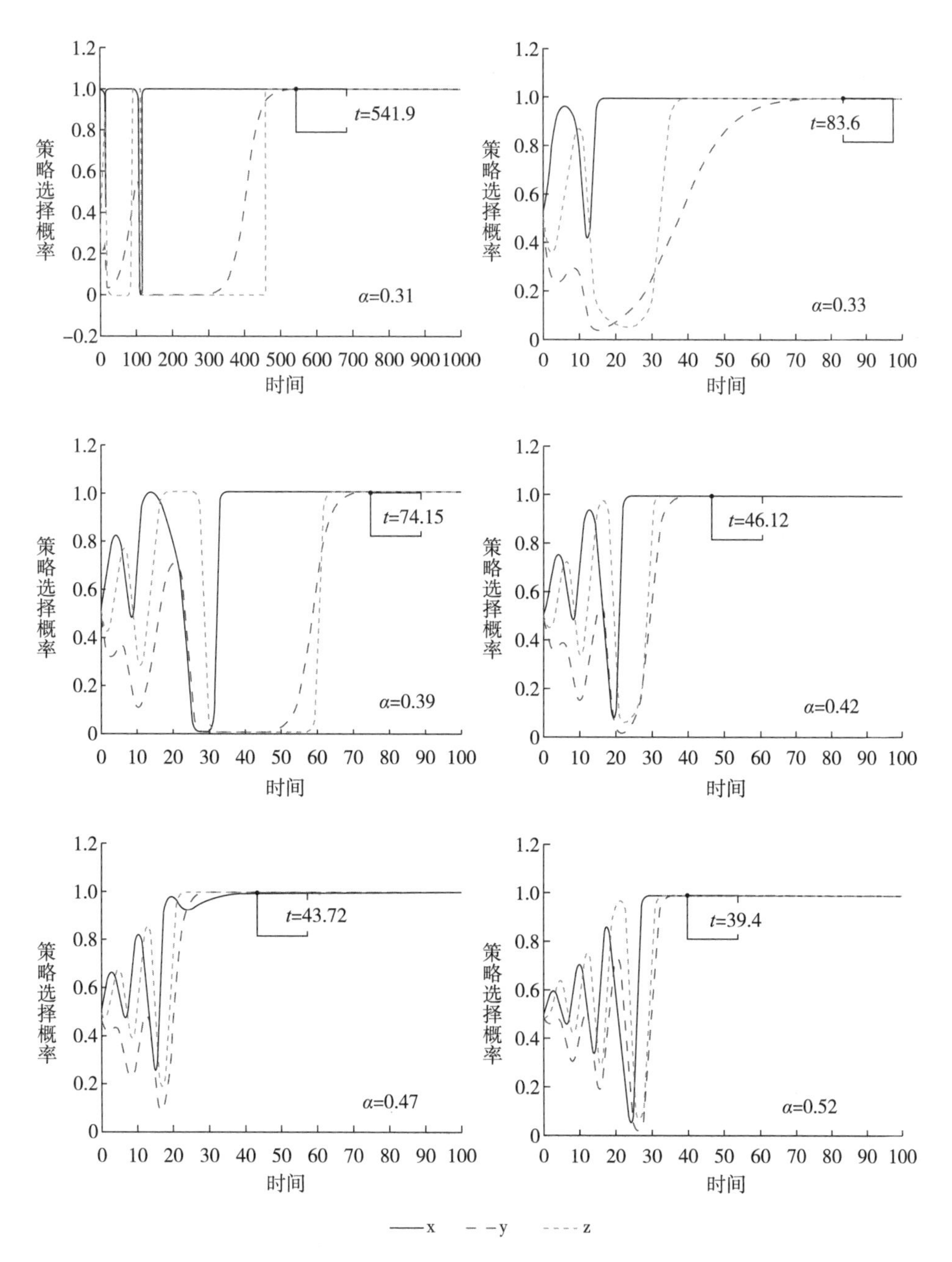

图 6.8 合理区间内审核强度的变化对稳定状态的影响

状态能够更快实现。

二、UGC 平台处罚力度对博弈演化影响的仿真分析

固定其他参数初始值不变，将 $W=1$、$W=3$、$W=5$、$W=7$、$W=9$ 分别进行仿真模拟，检测 UGC 平台处罚力度 W 从低到高变化时对三方主体策略选择演化趋势的影响，仿真结果如图 6.9 所示。

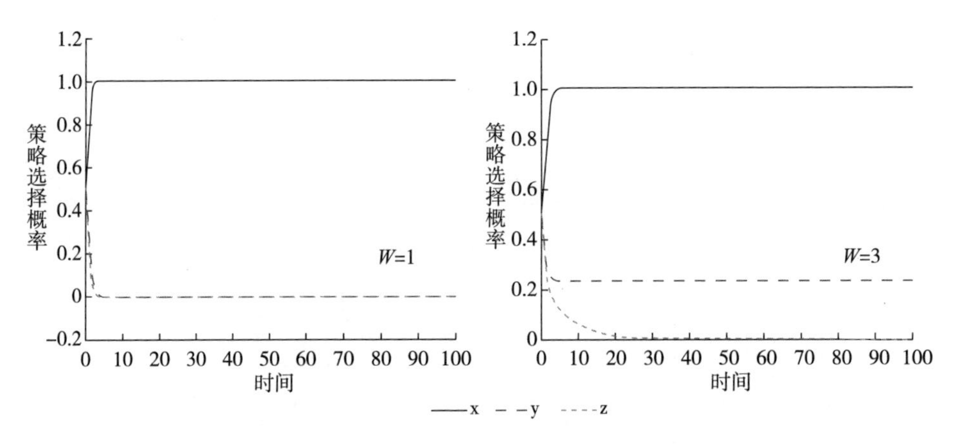

图 6.9 处罚力度未满足约束条件时三方主体策略的演化趋势

图 6.9 仿真结果显示，当 $W=1$ 时三方主体的均衡稳定点为（1,0,0），即 {UGC 平台审核，MCN 机构不管理，头部内容生成用户不合规} 的均衡稳定状态；而当 $W=3$ 时三方主体则无法达到均衡稳定状态。

根据前文对博弈演化结果的分析得知，在其他参数固定的情况下，当 UGC 平台处罚力度满足约束条件 $W>M_u$ 且 $W>\frac{M_m}{\alpha}$时，三方演化博弈将收敛于参与主体治理所期望的 {UGC 平台审核，MCN 机构管理，头部内容生成用户合规} 的均衡稳定状态。因此选取 $W=5$，$W=7$，$W=9$，对三方演化博弈过程进行仿真分析，仿真结果如图 6.10 所示。仿真结果显示，三方博弈主体的决策演化结果最终都收敛于 1，即 {UGC 平台审核，MCN 机构管理，头部内容生成用户合规} 的稳定状态。进一步分析看出，随着 UGC 平台处罚力度的增加，博弈参与主体的决策演化结果收敛的时间越短。

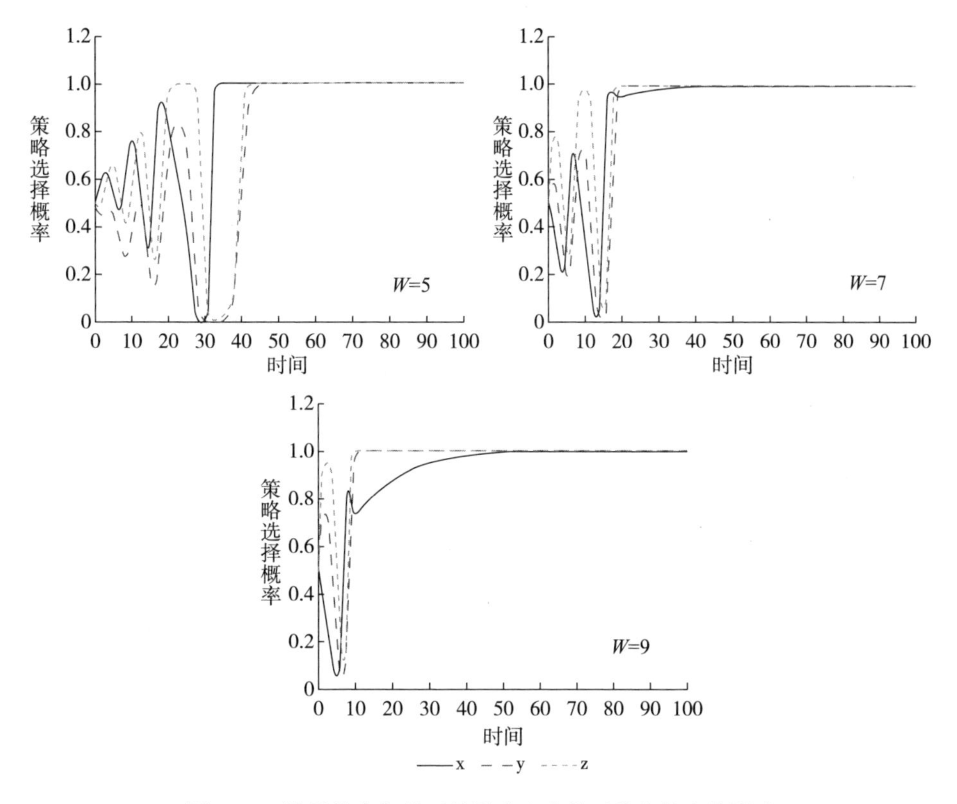

图 6.10 满足约束条件时处罚力度变化对稳定状态的影响

第六节 本章小结

本章从 UGC 信息链的内容审核阶段出发，探索该阶段 UGC 参与主体在包容性审核情境下的互动行为，为参与主体治理的实现路径提供具体的决策依据，同时依据主要参数对决策路径的影响进行分析，明晰平台在其中的关键性作用。

本章以 UGC 内容审核阶段的参与主体“UGC 平台—MCN 机构—头部内容生成用户”之间的互动关系为基础，通过对各方在内容审核过程中的损益变量和支付矩阵分析，构建了三方演化博弈模型。本章演算推导了博弈演化结果的稳定策略，并对各均衡稳定点实现的约束情况进行了讨论，重点分析了 UGC 参与主体治理所期望的｛UGC 平台审核，MCN 机构管理，头部内容生成用户合规｝这一均衡稳定状态，为参与主体治理实现提供了具体的决策依据。

在算例仿真分析过程中，本章主要对 UGC 平台的审核强度与处罚力度两个关键参数进行了区间测试。仿真结果显示，只有适度的 UGC 平台审核强度才能实现参与主体治理所期望的稳定状态，在算例中审核强度的具体数值区间内，审核强度的增加能够提升演化结果趋向稳定状态的速率；结果同时展示了在适度审核强度下，UGC 平台的处罚力度与演化结果的稳定状态具有正相关性。研究结果进一步明确了平台在 UGC 参与主体治理的实现过程中所扮演的重要角色和所起到的关键性作用。

本章参考文献

[1] Myers West S. Censored, Suspended, Shadow Banned: User Interpretations of Content Moderation on Social Media Platforms [J]. New Media & Society, 2018, 20 (11): 4366-4383.

[2] Gillespie T. Governance of and by Platforms [J]. SAGE Handbook of Social Media, 2017.

[3] Ritzberger K, Weibull J W. Evolutionary Selection in Normal Form Games [J]. Econometrica, 1996, 63 (6): 1371-1399.

第七章

UGC 平台评价与双边用户匹配决策

上一章探索了 UGC 内容审核阶段参与主体治理的实现路径，本章将继续从 UGC 内容分发阶段出发，引入双边匹配理论探索 UGC 双边用户的匹配决策问题。本章从 UGC 双边用户的总体满意度视角出发，兼顾 UGC 内容消费用户和内容生成用户，以平台评价作为桥梁构建 UGC 双边用户匹配模型，探讨不同情形下匹配决策对双边用户总体满意度的影响，为 UGC 内容分发阶段参与主体治理的实现提供决策依据，并进一步明确平台在 UGC 内容分发阶段参与主体治理实现过程中的重要作用。

第一节　UGC 双边用户匹配问题

一、双边用户一对多匹配的概念模型

UGC 内容生成用户与内容消费用户共同组成了平台的双边用户群体，其中内容生成用户为 UGC 参与主体提供了平台赖以生存的内容资源（Naab 和 Sehl，2017），其成长轨迹直接影响 UGC 行业和各主体的参与和发展。UGC 内容生成用户也需要匹配到合适的内容消费用户，以此获得激励，进而增强其内容生成的动力，提高内容质量。UGC 各参与主体应该更加全面地考虑双边用户的总体满意度，从本质上解决传统内容分发造成的各类问题，促进 UGC 参与主体治理的实现。

在 UGC 双边用户匹配的问题中，由于单一用户的异质性、广泛性与个体复杂性（Chen 等，2011），使得其并非只是简单的双边用户之间的匹配，即平台

的用户与用户之间并不存在直接的匹配关系。将 UGC 双边用户所关联起来的，是用户所生成的内容。UGC 双边用户匹配的本质，其实是用户生成内容以及关注内容的流量资源。因此，本书试图引入流量资源池与内容池概念，将 UGC 内容消费端的用户群体抽象为多个单位的流量资源池，同时将平台内容生成端的用户群体转化为不同的内容池。UGC 的双边用户匹配问题即是 UGC 流量资源池与内容池的匹配问题，因此构成双边匹配的主体包括了 UGC 内容消费用户（流量资源池）、UGC 内容生成用户（内容池）以及匹配决策者（UGC 平台）。

用户并不是信息的被动消费者，而是网络内容构成的积极参与者，随着数据处理算法的改进，内容消费用户的流量本身就成为平台的重要价值所在（Bueno，2016）。而人的精力是有限的，这也导致了流量资源的有限性，而在数字经济的大背景下，知识和信息的丰富性进一步导致了这种资源的匮乏（Simon，1996）。因此在一定的时间范围内，流量资源的有限性使得内容消费用户向内容生成用户的分配是一对一的特性，也就是说一类流量资源只能匹配到一类内容池；而反过来，一类内容池则可以关联多个种类的流量资源，其匹配上限取决于 UGC 平台对内容生成用户的曝光程度。引入流量资源池和内容池概念后能够看到，平台将流量资源依据相同的偏好序进行分类。代表了不同偏好序的内容消费用户群。流量资源池代表了 UGC 的内容消费用户；内容池为平台对不同类型内容的分类汇总，代表了 UGC 的内容生成用户。基于上述分析，UGC 平台作为匹配决策者，将 UGC 内容消费用户和内容生成用户双方参与主体的信息进行聚合，并以最大化双边的匹配度为目标，提出双边匹配的决策方案。UGC 双边用户的匹配问题，演化成基于流量资源池和内容池的一对多双边匹配问题。

UGC 双边用户的一对多匹配概念模型如图 7.1 所示。

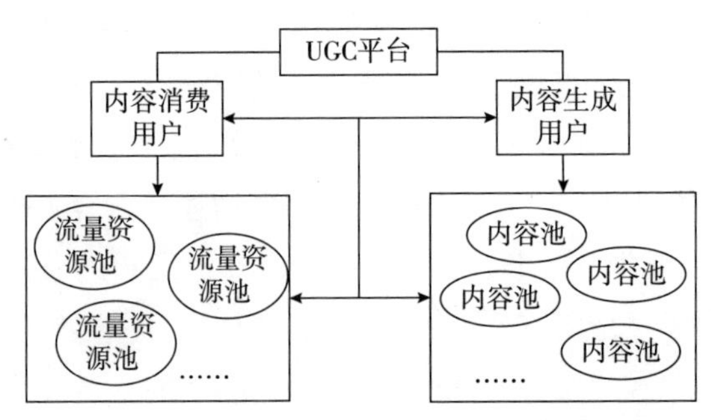

图 7.1　UGC 双边用户一对多匹配问题的概念模型

二、双边匹配的问题描述

基于流量资源池和内容池概念，UGC 双边内容生成用户与内容消费用户之间构成了一对多的双边匹配关系。作为双边匹配的决策者，UGC 平台基于双边用户各自对另一方指标的期望值以及平台对相应指标的评价值二者之间的关系，最终提出 UGC 双边用户的匹配方案。上述的 UGC 双边用户匹配决策过程如图 7.2 所示。

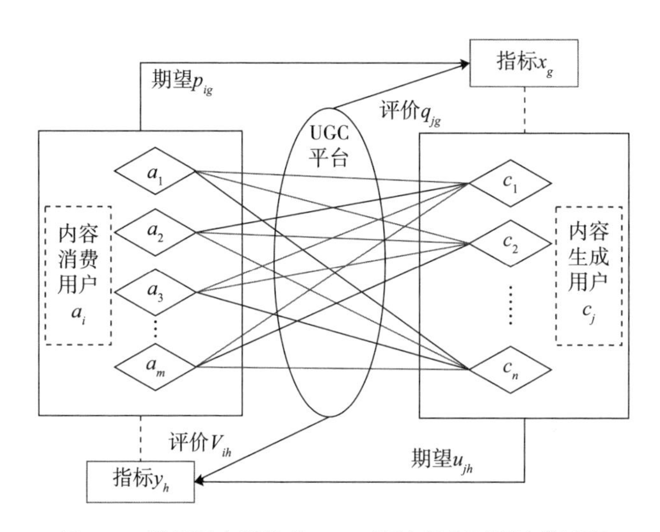

图 7.2　基于平台评价的 UGC 双边用户匹配决策过程

UGC 双边用户的匹配问题具体描述如下：

（1）设内容消费用户（流量资源池）的集合为 $A=\{a_1,a_2,\cdots,a_m\}$，其中 a_i 为第 i 类内容消费用户（流量资源池），$i=1,2,\cdots,m$；内容生成用户（内容池）的集合为 $C=\{c_1,c_2,\cdots,c_n\}$，其中 c_j 为第 j 类内容生成用户（内容池），$j=1,2,\cdots,n$。

（2）设内容消费用户所关注的内容生成用户指标集为 $X=\{x_1,x_2,\cdots,x_k\}$，其中 x_g 为第 g 类指标，$g=1,2,\cdots,k$；内容生成用户所关注的内容消费用户指标集为 $Y=\{y_1,y_2,\cdots,y_l\}$，其中 y_h 为第 h 类指标，$h=1,2,\cdots,l$。

（3）内容消费用户 α_i 对指标集 X 的权重向量为 $W_i=(w_{i1},w_{i2},\cdots,w_{ik})^T$，

其中 w_{ig} 表示内容消费用户 a_i 对指标 x_g 的权重，其满足 $0 \leqslant w_{ig} \leqslant 1$，且 $\sum_{g=1}^{k} w_{ig} = 1$；同样地，设内容生成用户 c_j 对指标集 Y 的权重向量为 $W_j = (w_{j1}, w_{j2}, \cdots, w_{jl})^T$，其中 w_{jh} 表示内容生成用户 c_j 对指标 y_h 的权重，其满足 $0 \leqslant w_{jh} \leqslant 1$，且 $\sum_{h=1}^{l} w_{jh} = 1$。

（4）对于指标期 X 而言，设内容消费用户的期望矩阵为 $P = [p_{ig}]_{m \times k}$，其中 p_{ig} 表示内容消费用户 a_i 对于指标 x_g 提出的期望；同样地，对于指标集 Y 而言，设内容生成用户的期望矩阵为 $U = [u_{jh}]_{n \times l}$，其中 u_{jh} 表示内容生成用户 c_j 对于指标 y_h 提出的期望。

（5）相应地，对于指标集 X 而言，设 q_{jg} 为 UGC 平台对内容生成用户 c_j 第 g 类指标的评价值；对于指标集 Y 而言，设 v_{ih} 为 UGC 平台对内容消费用户 a_i 第 h 类指标的评价值。

第二节　UGC 双边用户匹配决策方法

本节要解决的问题是依据 UGC 内容消费用户和内容生成用户的相关指标信息，进行有效的双边用户匹配决策，获得 UGC 双边用户公平、稳定、满意的匹配方案（姜艳萍等，2017），最终目的是为 UGC 内容分发阶段参与主体治理的实现路径提供有效的决策依据。在大数据和云计算等核心技术的支持下，UGC 平台对双边用户各项指标的评价越来越全面和客观，双边用户对平台在各类指标方面评价值的认可度也越来越高。因此本节假设双边用户均为平台评价的接受型用户，基于 UGC 双边用户对指标的期望值与平台对指标的评价值之间的关系，分别构建各自相应的满意度函数。

一、内容消费用户对内容生成用户的满意度函数

考虑内容消费用户 a_i 对内容生成用户 c_j 第 g 类指标的满意度为 e_{ijg}，其数值

取决于内容消费用户 a_i 对指标的期望值 p_{ig} 与平台对指标的评价值 q_{jg} 之间的关系。在实际的匹配过程中，UGC 平台对内容生成用户 c_j 某一类指标的评价值形成匹配对象排序，依据内容消费用户对指标的期望值在评价值排序队列中的位置构建满意度函数。

本书将期望值等于评价值设定为参考点，参考点的满意度设为 0。基于上述假设，满意度的取值范围为：$p_{ig}=q_{jg}$ 时，$e_{ijg}=0$；$p_{ig}<q_{jg}$ 时，$e_{ijg}\in(0,1]$；$p_{ig}>q_{jg}$ 时，$e_{ijg}\in[-1,0)$。内容消费用户 a_i 对内容生成用户 c_j 的满意度 e_{ij} 为 a_i 对 c_j 所有指标期望的加权总和。基于此，构建内容消费用户的满意度函数为式（7.1）：

$$e_{ij}=\sum_{g=1}^{k}w_{ig}e_{ijg}，\text{其中，}e_{ijg}=\begin{cases}\dfrac{q_{jg}-p_{ig}}{q_{\max g}-p_{ig}},p_{ig}<q_{jg}\\0,p_{ig}=q_{jg},g\in\{1,2,3,\cdots,k\}\\\dfrac{q_{jg}-p_{ig}}{p_{ig}-q_{\min g}},\ p_{ig}>q_{jg}\end{cases} \tag{7.1}$$

二、内容生成用户对内容消费用户的满意度函数

同样地，考虑内容生成用户 c_j 对内容消费用户 a_i 第 h 类指标的满意度为 f_{jih}，其值取决于内容生成用户 c_j 对指标的期望值 u_{jh} 与平台对指标的评价值 v_{ih} 之间的关系。在实际的匹配过程中，UGC 平台对内容消费用户 a_i 某一类指标的评价值形成匹配对象排序，依据内容生成用户对指标的期望值在评价值排序队列中的位置构建满意度函数。

同样，在参考点的满意度设为 0，满意度的取值范围为：$u_{jh}=v_{ih}$ 时，$f_{jih}=0$；$u_{jh}<v_{ih}$ 时，$f_{jih}\in(0,1]$；$u_{jh}>v_{ih}$ 时，$f_{jih}\in[-1,0)$。内容生成用户 c_j 对内容消费用户 a_i 的满意度 f_{ji} 为 c_j 对 a_i 所有指标期望的加权总和。构建内容生成用户的满意度函数为式（7.2）：

$$f_{ji}=\sum_{h=1}^{l} w_{jh} f_{jih}, \text{ 其中，} f_{jih}=\begin{cases} \dfrac{v_{ih}-u_{jh}}{v_{\max h}-u_{jh}}, u_{jh}<v_{ih} \\ 0, u_{jh}=v_{ih} \\ \dfrac{v_{ih}-u_{jh}}{u_{jh}-v_{\min h}}, u_{jh}>v_{ih} \end{cases}, h\in\{1,2,3,\cdots,l\} \tag{7.2}$$

三、双边匹配决策模型构建

综上所述，以内容消费用户和内容生成用户满意度最大为最终目标，构建多目标函数为 UGC 双边用户匹配模型。引入 0-1 变量 α_{ij} 为匹配变量：$\alpha_{ij}=1$ 时，内容消费用户 a_i 与内容生成用户 c_j 相匹配；$\alpha_{ij}=0$ 时，内容消费用户 a_i 与内容生成用户 c_j 不匹配。设 E 为目标匹配方案下 UGC 内容消费用户的总体满意度，同样地，设 F 为目标匹配方案下 UGC 内容生成用户的总体满意度。进一步基于满意度约束条件以及匹配结果稳定等条件，UGC 双边用户匹配决策模型如下所示：

$$\max E=\sum_{i=1}^{m}\sum_{j=1}^{n} e_{ij}\alpha_{ij} \tag{7.3}$$

$$\max F=\sum_{i=1}^{m}\sum_{j=1}^{n} f_{ji}\alpha_{ij} \tag{7.4}$$

s. t.

$$\sum_{j=1}^{n}\alpha_{ij}=1 \tag{7.5}$$

$$\sum_{i=1}^{m}\alpha_{ij}\leqslant d \tag{7.6}$$

$$\alpha_{ij}+\sum_{s:e_{is}\geqslant e_{ij}}\alpha_{is}+\sum_{r:f_{rj}\geqslant f_{ij}}\alpha_{rj}\geqslant d_j, a_r\in A, c_s\in C \tag{7.7}$$

$$\alpha_{ij}=0 \text{ or } 1, i=\{1,2,3,\cdots,m\}, j=\{1,2,3,\cdots,n\} \tag{7.8}$$

其中，式（7.3）和式（7.4）为目标函数，分别表示内容消费用户满意度总和与内容生成用户满意度总和。式（7.5）至式（7.8）为约束函数，其中：式（7.5）表示内容消费用户的匹配上限为 1；式（7.6）表示内容生成用户的匹配上限为 d（假设所有内容生成用户的匹配上限相同）；式（7.7）

为匹配结果的稳定约束（高宇璇等，2019）；式（7.8）为决策变量取值范围。

进一步，式（7.3）~式（7.8）所构成的模型，是一个双目标的线性规划问题，基于隶属函数加权的方法，本书将决策模型的多目标函数转化为单目标函数。两个目标的隶属函数可分别定义为：$Z_e=1-\frac{E_{max}-E}{E_{max}-E_{min}}$，$Z_f=1-\frac{F_{max}-F}{F_{max}-F_{min}}$。

其中，E_{max}和F_{max}分别为单独考虑目标式（7.3）和式（7.4）时的最大值；同样地，E_{min}和F_{min}分别为单独考虑目标式（7.3）和式（7.4）时的最小值。设θ_1和θ_2分别为隶属函数Z_e和Z_f的加权数，定义单目标函数为$Z=\theta Z_e+\bar{\theta}Z_f$，考虑双方主体的公平性，令$\theta=\bar{\theta}=0.5$。综上假设，多目标函数最终可转化为如下单目标函数：

$$\max Z=\frac{1}{2}\left(1-\frac{E_{max}-E}{E_{max}-E_{min}}\right)+\frac{1}{2}\left(1-\frac{F_{max}-F}{F_{max}-F_{min}}\right) \tag{7.9}$$

由此，UGC双边用户的匹配模型最终由式（7.9）和式（7.3）~式（7.8）构成的模型共同组成。

第三节　基于模拟退火算法的模型求解

由于本书考虑的是UGC双边用户的总体满意度和稳定性匹配问题，且在内容生成用户端的多向匹配条件下，该匹配问题为一对多匹配。此外，考虑约束条件下的多任务匹配问题使得UGC双边用户的匹配问题成为资源受限的广义指派问题，该类问题已被证明为NP-hard（Zimmermann，1978）。基于上述原因，我们使用了一个著名的局部搜索元启发式算法即模拟退火算法来解决该问题。

模拟退火算法由Metropolis等（1953）提出，Kirkpatrick等（1983）和Cerny（1985）首次独立地将其应用于组合优化问题。该算法是一种局部搜索的元启发式算法，通过模拟物理系统的降温过程，利用算法对温度下降过程进行控制，在邻域结构下选取相邻解并采用概率性变迁对目标问题进行全局搜索，最终实现目标解的全局最优（杨若黎和顾基发，1997）。模拟退火算法适用性广泛，已被充分证明具有快速收敛和易于实现的特点（He 等，2014；李亚楠等，2016）。

一、解的表示及目标函数

可行解 Π 表示满足约束条件的 UGC 双边用户的最终匹配结果，由所有的 0-1变量 α_{ij}组成的 $m\times n$ 矩阵。目标函数的最终目的是实现双边用户的总体满意度的最大化，在双边匹配的过程中，双边用户的总体满意度由每一组匹配满意度及不同的匹配结果矩阵所组成，因此 UGC 双边用户满意度的总和取决于可行解 Π。所以在双边匹配模型中，利用模拟退火算法搜索满足约束条件的匹配变量矩阵。先确定初始解矩阵，然后在此初始解矩阵下进行变形转化得到新解并进行比较，重复此过程最终找到满意解，并在满意解下求得目标函数值，即双边用户的总体满意度最大值。

二、初始解的生成

模拟退火算法初始解的生成是指在目标函数解空间内随机生成一个解作为初始解，本书的初始解通过以下两步骤随机生成：

（1）在条件 $\sum_{j=1}^{n}\alpha_{ij}=1$ 的约束下，首先满足每类内容消费用户只能与一类内容生成用户相匹配，且至少与一类内容生成用户匹配。因此，首先随机生成每行有且只有一个 1 的 0-1 矩阵。

（2）要满足内容生成用户的匹配上限 d，即 $\sum_{i=1}^{m}\alpha_{ij}\leqslant d$ 。因此在随机生成上述矩阵时限定每列之和不大于 d。在随机生成每行有且只有一个 1 的 0-1 矩阵循环过程中，当第一次出现每列和不大于 d 时停止，并输出该矩阵为初始解。计算此时的目标函数值。

三、邻点解的生成

为了有效控制后续的算法耗时、提升计算效率，新解一般选择通过对初始解的简单变化而生成，本书设计通过以下两步骤实现对初始解矩阵形态的简单随机变化，生成邻点解：

（1）对随机生成的初始解矩阵，任意挑选两列将其互换，此步骤既保证了满足内容生成用户的匹配上限 d，即解的矩阵每列之和不大于 d，同时又能保证在初始解范围内随机生成邻点解。

（2）对变换后的矩阵任意挑选两行再进行互换，此步骤保证生成的邻点解具有全局搜索性。

最终生成的矩阵为邻点解。

四、求解步骤

步骤 1　输入初始温度 $Temp^s$，温度衰减参数 $\mu(0<\mu<1)$，结束温度 $Temp^T$，Markov 链长度 Num^c。

步骤 2　设当前温度为初始温度 $Temp=Temp^s$，获得初始解 Π_0，求得相应的目标函数值 Z_0。

步骤 3　在变量取值范围内随机产生新解，使解从 Π_0 生成 Π_1，计算相应的目标函数值 Z_1。

步骤 4　计算函数增量 $\Delta Z=Z_1-Z_0$，若 $\Delta Z>0$，则接受 Π_1 作为新的当前解，$\Pi_0=\Pi_1$；否则，生成一个随机数 $R\in[0,1]$，若 $\exp(-\Delta Z/Temp)\geqslant R$，则接受 Π_1 作为新的当前解，否则拒绝。

步骤 5　$Num=Num+1$，若 $Num\leqslant Num^c$，回到步骤 3；否则，进入步骤 6。

步骤 6　$Temp=Temp\times\mu$，若 $Temp>Temp^T$，回到步骤 3；否则，进入步骤 7。

步骤 7　终止运算，输出结果 $\Pi=\Pi_1$ 以及相应的目标函数值 Z。

模拟退火算法的求解步骤如图 7.3 所示。

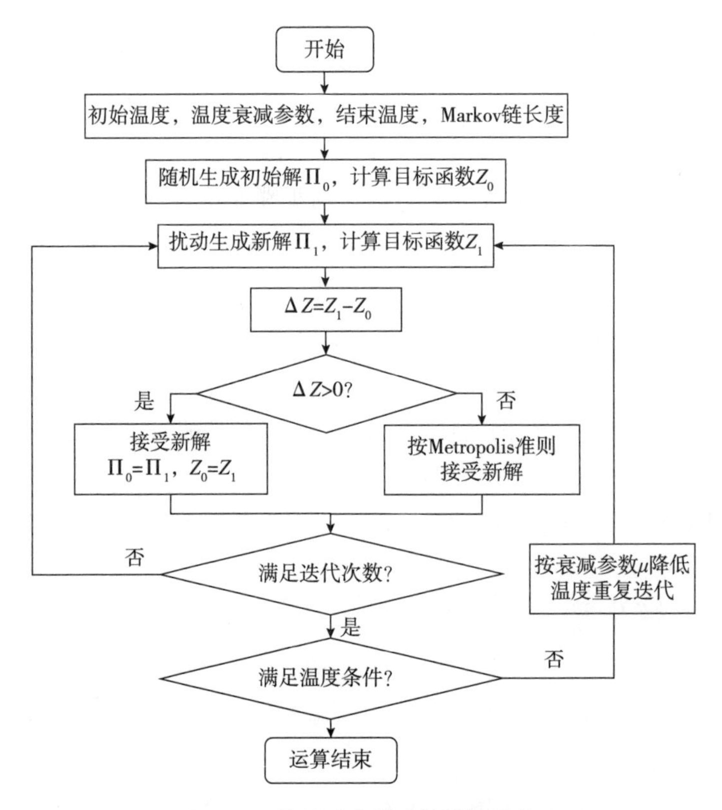

图 7.3　模拟退火算法的搜索流程

第四节　仿真分析

一、算例数据

本书的仿真算例来源于案例资料调研阶段对短视频平台——快手的相关调研数据。基于相关调研数据分析，假设 UGC 内容消费用户端数量为 8，即 $m=8$，$i=\{1,2,3,\cdots,m\}$；内容生成端数量为 7，即 $n=7$，$j=\{1,2,3,\cdots,n\}$。调研根据内容转发量级别、内容类型、内容时长、用户级别、用户类型五个指标，对 UGC 内容生成用户进行综合评价，即 $k=5$，$g=\{1,2,3,\cdots,k\}$；根据用户的平台粘性、注册年龄、使用时长、用户来源 4 个指标，对 UGC 内容消费用户进行综合评价，即 $l=4$，$h=\{1,2,3,\cdots,l\}$。

调研得到双边用户相互间的指标偏好序以及平台对相应指标的评价值，具体如表 7.1 和表 7.2 所示。

表 7.1　内容消费用户指标偏好序 p_{ig} 和内容生成用户指标偏好序 u_{jh}

偏好序 p_{ig}		内容消费用户评价指标 x_g				
		x_1	x_2	x_3	x_4	x_5
内容消费用户 a_i	a_1	6	7	3	5	2
	a_2	6	7	6	5	4
	a_3	1	1	6	5	1
	a_4	6	7	7	3	6
	a_5	4	7	5	5	5
	a_6	1	3	4	1	2
	a_7	2	6	6	5	7
	a_8	4	1	7	4	4

偏好序 u_{jh}		内容生成用户评价指标 y_h			
		y_1	y_2	y_3	y_4
内容生成用户 c_j	c_1	3	5	1	2
	c_2	3	5	3	4
	c_3	5	5	7	5
	c_4	6	2	2	6
	c_5	1	5	4	7
	c_6	3	5	2	4
	c_7	3	1	5	1

表 7.2　平台基于指标 g 和 h 的评价偏好序

偏好序 q_{jg}		内容消费用户评价指标 x_g				
		x_1	x_2	x_3	x_4	x_5
内容生成用户 c_j	c_1	1	2	4	4	4
	c_2	2	1	4	1	3
	c_3	6	2	6	0	0
	c_4	2	4	2	4	2
	c_5	6	3	5	5	1
	c_6	2	2	5	7	6
	c_7	7	6	3	1	2

偏好序 v_{ih}		内容生成用户评价指标 y_h			
		y_1	y_2	y_3	y_4
内容消费用户 a_i	a_1	4	1	3	3
	a_2	1	2	1	2
	a_3	4	6	7	6
	a_4	2	1	4	3
	a_5	5	6	5	6
	a_6	5	4	6	1
	a_7	5	7	6	2
	a_8	3	1	1	1

由于实际情况中，内容消费用户与内容生成用户相互之间满意度的权重数

值较为主观且难以测量，因此本算例中假设所有权重均相同，即算式中不考虑双边用户对指标偏好的权重影响。基于上述假设与调研数据，根据式（7.1）和式（7.2）得出 UGC 内容消费用户对内容生成用户的满意度矩阵 E_{ij}，以及内容生成用户对内容消费用户的满意度矩阵 F_{ji}：

$$E_{ij}=\begin{bmatrix} -2.2667 & -1.3500 & 0.7500 & 1.0714 & -0.0333 & 0.7333 & -1.5333 \\ -0.7500 & 1.4167 & -1.2000 & -0.2333 & -1.9667 & -1.5833 & -1.1667 \\ 0.4333 & -1.5238 & -1.6500 & -2.1667 & 0.6667 & -1.1000 & -1.4333 \\ -1.2000 & -0.8333 & -0.4667 & -0.1667 & 0.0667 & -1.6667 & -0.6714 \\ -2.0000 & -1.1000 & -2.1143 & -1.6000 & -1.5500 & 1.2143 & 0.2500 \\ -3.3476 & -1.9167 & -2.1667 & 1.3095 & 0.7000 & -0.0333 & -2.8000 \\ -2.0500 & 0.0000 & 0.2333 & 2.4333 & 0.4667 & -2.8786 & -1.1571 \\ -0.2667 & -1.1429 & 1.1333 & -1.2000 & 1.0714 & -1.2000 & -1.6667 \end{bmatrix}$$

$$F_{ji}=\begin{bmatrix} 3.0000 & 1.0000 & 2.6000 & 1.0000 & -0.5000 & -3.0000 & -1.2000 & -3.0000 \\ 1.0000 & -0.5000 & -1.4000 & 2.6000 & -3.0000 & -2.2500 & -3.4000 & -1.2000 \\ 2.8333 & 1.0000 & 3.5000 & 1.0000 & -0.1667 & -3.0000 & 1.7500 & -3.0000 \\ 2.2500 & -1.0000 & 1.0000 & 3.0000 & -1.7500 & -2.8571 & -3.0000 & -0.5000 \\ 3.0000 & 0.7500 & 1.7500 & 2.6667 & -0.5000 & -3.2500 & -1.8333 & 0.6667 \\ 1.0000 & -1.2000 & -1.8333 & 1.1000 & -3.0000 & -2.6000 & -3.5000 & -2.1000 \\ 2.2500 & 1.6000 & 3.0000 & 2.6000 & -1.5833 & -1.6000 & -0.5000 & 0.6000 \end{bmatrix}$$

二、仿真及结果分析

基于 UGC 双边用户的匹配决策模型，通过所设计的模拟退火算法对上述算例数据进行仿真分析。本书采用 MATLAB（R2018b）软件，在基于 Windows 10 系统、英特尔酷睿 i5-6200U 处理器的个人计算机进行相关仿真运算。

模拟退火算法的相关参数设置如下：

- 初始化 Markov 链长度：等温情况下算法进行迭代运算的次数，其选取原则是保证在选取参数下的每一次的取值都能够恢复到平衡状态下，一般选取长度范围为 100~1000。根据本书的情况，设 Markov 链长度 $Num^c=200$。
- 初始温度：算法降温迭代运算前的最初温度，初始温度越大获得高质量解的概率越大，但其运算时间也会越长，可通过公式 $FG_{max}/\ln P_r$ 得到，其中 FG_{max} 是一定数量初始解目标函数值的最大绝对差值，P_r 为初始接受概率（宁敏静等，2019），设为0.97。基于研究算例数据，设初始温度 $Temp^s=100$。

- 衰减参数：从初始温度开始，温度下降的比例。设衰减参数 $\mu=0.95$。
- 终止温度：在运算过程中温度下降至何种程度时，算法终止。设终止温度 $Temp^T=0.001$。

（一）不同主体视角下的匹配方案仿真分析

本部分研究将探索内容消费用户满意度最大、内容生成用户满意度最大以及双边用户总体满意度最大三个不同视角下的满意度结果。假设所有内容生成用户的匹配上限为3，即 $d=3$。根据上述所有参数设置，对算例进行模拟退火算法的仿真运算，得到不同主体视角下的匹配方案及总体满意度，如表7.3所示。

表7.3　不同主体视角下的UGC双边用户匹配方案

方案视角	匹配方案	内容消费用户满意度 E	内容生成用户满意度 F	双边总体满意度 Z
视角1	$\{(a_1c_7)(a_2c_4)(a_3c_1)(a_4c_5)(a_5c_7)(a_6c_4)(a_7c_4)(a_8c_5)\}$	6.0643	-1.5071	2.2786
视角2	$\{(a_1c_4)(a_2c_7)(a_3c_1)(a_4c_4)(a_5c_1)(a_6c_7)(a_7c_3)(a_8c_5)\}$	-5.7286	11.25	2.7607
视角3	$\{(a_1c_4)(a_2c_7)(a_3c_1)(a_4c_5)(a_5c_6)(a_6c_6)(a_7c_3)(a_8c_5)\}$	2.8905	5.9333	4.4119

表7.3中，视角1表示仅考虑UGC内容消费用户满意度达到最大值时的匹配情况，视角2表示仅考虑UGC内容生成用户满意度达到最大值时的匹配情况，视角3表示考虑UGC双边用户总体满意度最大值时的匹配情况。仿真结果显示，在双边用户视角下，总体满意度为4.4119，远高于任一单边用户视角下的总体满意度。

在此视角下，内容消费用户满意度为2.8905，内容生成用户满意度为5.9333，匹配方案为 $\{(a_1c_4)(a_2c_7)(a_3c_1)(a_4c_5)(a_5c_6)(a_6c_6)(a_7c_3)(a_8c_5)\}$。

获得满意度匹配方案的模拟退火算法收敛过程如图 7.4 所示。

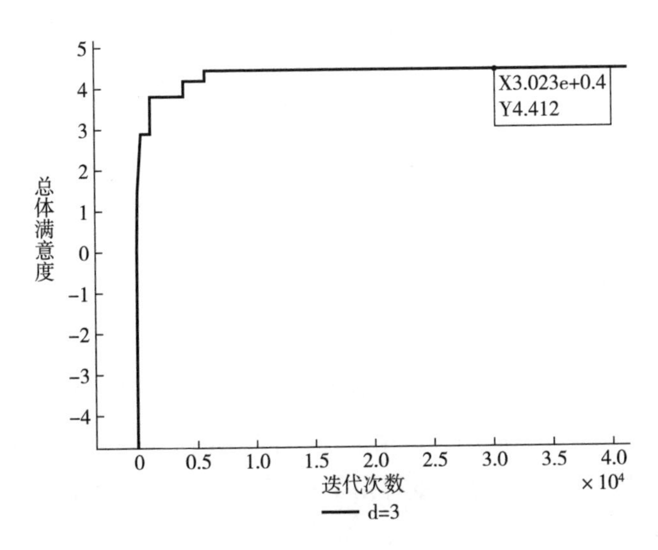

图 7.4 模拟退火算法过程收敛图

（二）不同匹配上限背景下的匹配方案仿真分析

UGC 内容生成用户的匹配上限代表了 UGC 平台对内容生成端的曝光程度，匹配上限越高，说明其曝光程度越强。本部分通过改变模型中的匹配上限 d 这一关键参数，探索在 UGC 平台对内容生成端不同曝光程度的背景下，双边用户的匹配方案及其对应的总体满意度。模拟退火算法的仿真运算结果如表 7.4 所示。

表 7.4 不同匹配上限下的 UGC 双边用户匹配方案

匹配上限	匹配方案	双边总体满意度 Z
$d=2$	$\{(a_1c_4)(a_2c_2)(a_3c_1)(a_4c_2)(a_5c_7)(a_6c_6)(a_7c_3)(a_8c_5)\}$	4.4381
$d=3$	$\{(a_1c_4)(a_2c_7)(a_3c_1)(a_4c_5)(a_5c_6)(a_6c_6)(a_7c_3)(a_8c_5)\}$	4.4119
$d=4$	$\{(a_1c_4)(a_2c_2)(a_3c_1)(a_4c_7)(a_5c_7)(a_6c_5)(a_7c_3)(a_8c_5)\}$	4.5333
$d=5$	$\{(a_1c_3)(a_2c_5)(a_3c_1)(a_4c_5)(a_5c_7)(a_6c_4)(a_7c_3)(a_8c_5)\}$	4.4869
$d=6$	$\{(a_1c_3)(a_2c_3)(a_3c_5)(a_4c_4)(a_5c_6)(a_6c_4)(a_7c_3)(a_8c_5)\}$	4.5107
$d=7$	$\{(a_1c_4)(a_2c_2)(a_3c_1)(a_4c_5)(a_5c_3)(a_6c_6)(a_7c_3)(a_8c_5)\}$	4.4060

不同匹配上限背景下，UGC 双边用户匹配的总体满意度最终收敛过程如图 7.5所示。

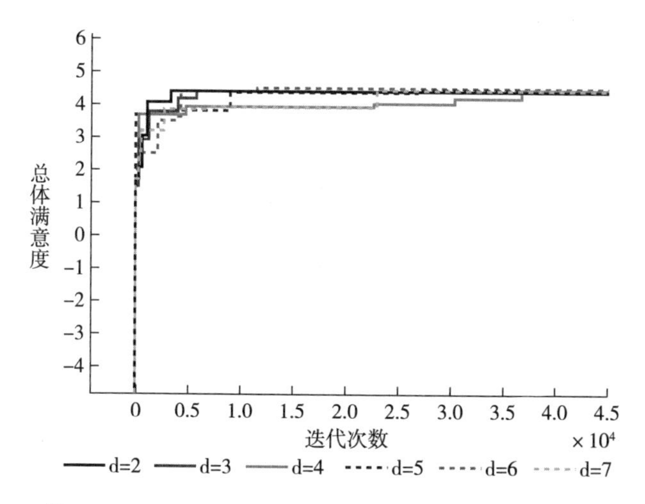

图 7.5　不同匹配上限情况的模拟退火算法过程收敛图

从上述仿真数据的结果能够看出，在匹配双方规模等关键参数一定的情况下，不同的匹配上限 d 下的总体满意度收敛结果趋同，即匹配上限数值的变化对双边匹配的最终总体满意度没有显著的影响。

第五节　本章小结

本章基于 UGC 信息链的内容分发阶段，探索 UGC 参与主体在去中心化匹配情境下的互动行为。研究从 UGC 内容池与流量资源的概念出发，提出了 UGC 内容生成用户与内容消费用户的一对多匹配关系。在匹配模型的构建过程中，描述了基于平台评价的匹配思路，即基于双边用户各自对另一方指标的期望值与平台对相应指标的评价值二者之间的关系，提出 UGC 双边用户的匹配方案。随后在分析匹配决策的过程中，研究以双边用户各自满意度为基础，最终构建出 UGC 双边用户匹配模型。

对于匹配模型中考虑约束条件下的多任务匹配问题，本章设计了模拟退火算法进行求解，并利用案例数据对求解过程进行了计算机仿真分析。在仿真过程中，本章探讨了基于单边用户满意度视角和双边用户总体满意度视角的匹配方案，结果显示在双边用户满意度视角下匹配结果的双边满意总值远高于任一单边用户视角下的总体满意度。仿真过程还分析了不同匹配上限情况下的匹配结果，证明了匹配上限与总体满意度不相关。本章的研究内容为内容分发阶段实现 UGC 参与主体治理提供了有效的决策依据，同时也基于平台评价在匹配模型的重要位置，进一步证明了平台在参与主体治理实现过程中的关键性作用。

本章参考文献

[1] Naab T K, Shel A. Studies of Usen-generated Content: A Systematic Review [J]. Journalism, 2017, 18 (10): 1256-1273.

[2] Chen J, Xu H, Whinston A B. Moderated Online Communities and Quality of User-generated Content [J]. Journal of Management Information Systems, 2011, 28 (2): 237-268.

[3] Bueno C C. The Attention Economy: Labour, Time and Power in Cognitive Capitalism [M]. Rowman & Littlefield, 2016.

[4] Simon H A. Designing Organizations for an Information-rich World [J]. International Library of Critical Writings in Economics, 1996, 70: 187-202.

[5] 姜艳萍，孔德财，袁铎宁. 具有序区间偏好信息的双边稳定匹配决策方法 [J]. 系统工程理论与实践，2017，37 (8): 2152-2161.

[6] 高宇璇，杜跃平，孙秉珍，王锐. 考虑患者个性化需求的医疗服务匹配决策方法 [J]. 运筹与管理，2019，28 (4): 17-25.

[7] Zimmermann H J. Fuzzy Programming and Linear Programming with Several Objective Functions [J]. Fuzzy Sets and Systems, 1978, 1 (1): 45-55.

[8] Metropolis N, Rosenbluth A, Rosenbluth M, Teller A, Teller E. Equation of State Calculations by Fast Computing Machines [J]. Journal of Chemical Physics, 1953, 21 (6): 1087-1092.

[9] Kirkpatrick S, Gelatt C D, Vecchi M P. Optimization by Simulated Annealing [J]. Science, 1983, 220 (4598): 671-680.

[10] Cerny V. Thermodynamical Approach to the Traveling Salesman Problem: An Efficient Simulation Algorithm [J]. Journal of Optimization Theory and Applications, 1985, 45 (1): 41-51.

[11] 杨若黎，顾基发. 一种高效的模拟退火全局优化算法 [J]. 系统工程理论与实践，1997 (5): 30-36.

[12] He Z, Wang N, Li P. Simulated Annealing for Financing Cost Distribution Based Project Payment Scheduling from a Joint Perspective [J]. Annals of Operations Research, 2014, 213 (1): 203-220.

[13] 李亚楠，郭海湘，黎金玲，刘晓. 一种基于模拟退火的参数自适应差分演化算法及其应用 [J]. 系统管理学报，2016，25 (4): 652-662.

[14] 宁敏静，何正文，刘人境. 基于随机活动工期的多模式现金流均衡项目调度优化 [J]. 运筹与管理，2019，28 (9): 91-98.

第八章

研究结论与未来展望

第一节　研究结论

本书立足 UGC 发展过程中所面临的内容质量问题及其治理的复杂性等现实情况，以 UGC 参与主体面临的集体行动困境和治理“二分法”问题为理论背景，提出了基于埃莉诺·奥斯特罗姆的自主治理思想，探索 UGC 参与主体治理的研究目的和意义，并设计了研究的技术路线方案。本书综合利用探索性案例分析和扎根理论方法构建了 UGC 参与主体的治理模型和实现路径，进一步基于微分博弈、三方演化博弈以及双边匹配等方法，对实现路径不同阶段中参与主体之间的互动行为进行数理模型分析，深入探索了 UGC 各参与主体在治理过程中的决策行为与演进路线，为参与主体治理的实现提供了具体有效的决策依据。最后，本书在每个阶段中利用实际算例进行计算机仿真模拟，对 UGC 平台影响参与主体治理实现结果的相关重要参数进行了相关性与区间分析，进一步挖掘了平台在 UGC 参与主体治理实现过程中的关键性作用。本书的研究得到了一些具有理论价值和现实意义的结论，为实现 UGC 参与主体有效治理、解决影响 UGC 内容质量的集体行动困境提供了具体的指导性建议和决策依据。

一、参与主体治理能够有效解决 UGC 内容质量问题

本书研究基于 UGC 参与主体面临的集体行动困境和治理“二分法”的局限问题，利用探索性案例分析和扎根理论方法，对 UGC 行业的代表性平台企业进行了深入的质性分析，构建了 UGC 参与主体的治理模型，并提出了基于信息链

的自主治理实现路径。

研究表明，UGC 的五大参与主体作为行动者，在三种不同的行动情境下交互行动，产生了不同的互动关系，这些互动模式通过最后的交互结果影响治理的内部评价标准，最终反过来对 UGC 参与主体治理的行动场景产生影响并形成循环。而在此过程中，UGC 平台充当了所有环节中关键的调控角色。正是这个循环过程，最终构成了 UGC 参与主体治理模型。随后，本书进一步对得到的概念范畴进行了解释说明和归纳，构建了基于信息链的 UGC 参与主体自主治理的实现路径，将不同行动情境下行动者的交互关系在 UGC“内容生成—内容审核—内容分发”的不同阶段得以串联，为解决 UGC 内容问题提供了有效的治理路径和决策依据。

二、UGC 信息链不同阶段的参与主体治理具有可行的实现路径

在 UGC 参与主体治理模型和实现路径基础上，本书分别利用微分博弈、三方演化博弈和双边匹配的研究方法，探索了 UGC 信息链中“内容生成—内容审核—内容分发”三个阶段下参与主体治理的具体实现路径，深入分析了不同阶段下参与主体治理的行动情境以及各情景中相关行动主体的互动行为与决策过程。三个阶段的行动情境研究包括：UGC 内容生成阶段的主动性治理，UGC 平台与头部内容生成用户、腰尾部内容生成用户之间形成的关于优质内容的激励和带动行为；UGC 内容审核阶段的包容性审核，UGC 平台和 MCN 机构、头部内容生成用户三者之间关于内容审核决策的博弈演化过程；UGC 内容分发阶段的去中心化匹配，考虑内容消费用户和内容生成用户总体满意度情况下的双边用户匹配过程。

（一）基于平台补贴的头部带动模式能够有效促进 UGC 优质内容的生成

本书在 UGC 信息链内容生成阶段的研究中构建了 UGC 优质内容生成的三个微分博弈模型，分别是无带动效应的分散决策模式、头部和腰尾部内容生成用户的协同决策模式以及 UGC 平台补贴下的头部带动决策模式。研究发现，在基于平台补贴的头部带动效应下，UGC 内容生成阶段参与主体的总体收益得到

了明显的帕累托改善，不论是内容生成端的用户总体收益还是 UGC 优质内容水平都得到了有效提升；平台补贴的头部带动决策模式对其头部和腰尾部内容生成用户的收益均有改善效果，且对头部内容生成用户的改善效果要更优于腰尾部内容生成用户。此外，UGC 平台的补贴系数与优质内容生成系统的改善效果具有正相关性，且补贴系数的取值区间有效可控。研究结论说明，UGC 参与主体在平台合理的头部内容生成用户补贴制度设计下，能够推动其优质内容生成的有效改善，促进 UGC 内容生成行动情境下参与主体治理的实现。

（二）适度审核强度与强力处罚力度有助于实现参与主体治理

在内容审核阶段，UGC 平台与 MCN 机构、头部内容生成用户三者构成的行动情境产生的互动模式，对 UGC 参与主体治理结果具有直接的影响。本书在 UGC 信息链内容审核阶段的研究中基于三者决策行为的博弈分析，探索了博弈演化结果向着参与主体治理期望的｛UGC 平台审核，MCN 机构管理，头部内容生成用户合规｝稳定情景演化的关键影响因素。研究发现，UGC 平台的处罚力度对于参与主体治理效果存在正相关性，平台对生成违规内容的相关参与主体的处罚力度越高，越有利于各主体向着期望的方向演化。头部内容生成用户更加倾向进行内容生成的合规操作，MCN 机构也有更高的积极性对旗下用户进行管理。但是处罚成本的正向影响需要建立在适度的审核强度基础之上，研究发现，UGC 平台的审核强度对三方博弈的期望演化结果具有倒 U 型影响，审核强度的过低和过高都不利于实现 UGC 参与主体治理的良好效果。审核强度过低会导致头部内容生成用户肆意违规甚至造成 MCN 机构与用户联合违规的情况，最终遏制 UGC 行业的发展；而审核强度过高则会扰乱市场秩序，使行业进入混乱不稳定状态。UGC 内容审核阶段的参与主体治理的实现路径研究结果契合了国内学者关于包容性新治理的探讨和分析（许立勇和高宏存，2019）。适度的审核强度与强力的处罚力度为内容审核阶段 UGC 参与主体治理的实现提供了有效路径。

（三）基于平台评价的双边用户匹配有助于提升用户总体满意度

在 UGC 内容分发阶段，研究探索了 UGC 内容生成用户与内容消费用户的双边匹配问题。研究提出了 UGC 平台内容生成用户和内容消费用户的一对多双边匹配概念。在 UGC 分发阶段的问题研究中，算法推荐技术造成的“信息茧房”“算法偏见”等影响内容消费用户满意度的问题凸显了学者们在单边满意度方面的研究（许向东和王怡溪，2020；贾开，2019；Kemper 和 Kolkman，2018）。本书以双边用户的总体满意度为基础进行双边用户的匹配，将探索视角拓展到了内容生成用户的满意度，以双边用户总体满意度视角探索匹配效果。本书还进一步探索了内容生成用户匹配上限的变化与总体满意度之间的影响关系，结果显示二者之间并没有绝对的影响关系，表明在去中心化的自由匹配情境下内容生成用户被曝光的程度（匹配上限）并非总体满意度的决定参数。本书的研究结果为内容分发阶段 UGC 参与主体治理的实现提供了有效的路径和决策依据。

三、UGC 平台在参与主体治理中起到了关键性作用

在 UGC 内容生成阶段的治理实现过程中，研究通过对无带动效应的分散决策模式、头部和腰尾部内容生成用户的协同决策模式以及 UGC 平台补贴下的头部带动决策模式三种模式的对比分析，探索了 UGC 平台在对头部内容生成用户进行补贴并促进其带动腰尾部内容生成用户的主动性治理成效。通过算例仿真分析看到，内容生成阶段的平台补贴和头部带动效应有效促进了优质内容的生成，进一步拓展了双边市场补贴研究（王昭慧和忻展红，2010）以及平台补贴对内容生成用户参与性激励效果的研究（Hamari，2017），明确了平台在促进 UGC 内容生成阶段参与主体治理有效实现中起到的关键性作用。

在 UGC 内容审核阶段的治理实现过程中，本书重点分析了 UGC 平台的审核强度和处罚力度的影响效果，明确了平台在促进 UGC 内容审核阶段参与主体治理实现过程中的关键性作用。研究发现，UGC 平台的高处罚力度和适度审核强度并不矛盾，二者都建立在内容治理的基本标准之上。这是适度审核强度和最高处罚力度的辩证关系，也进一步证明了 UGC 平台的内容审核行为对治理效果的影响，明晰了平台对内容审核阶段 UGC 参与主体治理实现的关键性作用。

本书在 UGC 内容分发阶段构建了双边用户的匹配模型，模型中较为关键之处在于以平台评价为满意度参考，实现了双边用户满意度的客观、有效测量，为实现满意度最大化目标提供了可行方案。随后本书利用模拟退火算法，通过对实际算例进行仿真求解，验证了基于平台评价的双边用户总体满意度匹配结

果的有效性，以及平台评价在匹配模型中的重要位置，明确了平台对 UGC 分发阶段参与主体治理有效实现的关键性作用。

第二节　管理启示

通过上述研究内容与结论分析，本书明确了不同阶段 UGC 参与主体治理实现的具体路径，肯定了平台在路径实现过程中的关键性作用。上述研究成果为有效解决 UGC 参与主体的“搭便车”问题、提升 UGC 内容质量、促进 UGC 行业和国家网络内容生态健康稳定发展提供了有利的决策依据。基于此，本书从以下几个方面提出相应的对策建议：

一、发挥 UGC 头部内容生成用户的带动作用，激发优质内容生成

UGC 头部内容生成用户在 UGC 内容生态中具有重要的作用，对腰尾部内容生成用户的带动作用能够有效提升 UGC 优质内容水平。UGC 头部内容生成用户拥有良好的技术手段和丰富的流量资源，在优质内容良性循环的条件下能够实现“赢者通吃”的局面。然而 UGC 去中心化的特点使得行业中的腰尾部内容生成用户仍然占据较大的体量，而内容生成用户的异质性及其技术、经验、资源的缺乏使得这部分用户群体的内容质量受到一定的限制。UGC 头部内容生成用户如果仅从自身群体的利益出发，所生成的优质内容体量会很容易被腰尾部内容生成用户的内容淹没，同时还会为“搭便车”用户提供简单模仿和快速复制的标的，出现劣币驱逐良币的现象。

为了实现有效的 UGC 参与主体治理、促进行业整体的内容质量提升，UGC 头部内容生成用户应当充分认识到自身的带动作用，发挥自身的主动性，实现内容生成端用户总体收益和 UGC 优质内容体量的帕累托改善。头部内容生成用户应当积极分享其内容制作经验，主动通过其他自媒体渠道为腰尾部内容生成用户提供经验教学；还可以开展“老带新”行动，为腰尾部内容生成用户提供

链接推荐和内容介绍，在相互扶持中提升整体内容生成水平。当然，初期头部内容生成用户的带动行为，离不开 UGC 其他参与主体的激励和促进，特别是 UGC 平台的补贴行为，UGC 平台要充分利用补贴系数对改善效果的正相关性，将补贴系数的有效区间与平台自身成本承担能力合理结合，为带动效应下的优质内容生成提供良好的激发作用。

二、关注 MCN 机构与用户素养，提升 UGC 内容审核成效

MCN 机构在 UGC 内容审核阶段起到了重要的中介作用。UGC 平台要积极开展 MCN 机构扶持计划，提升 MCN 机构的管理能力，除提供直接的经济奖励外，更应该关注对 MCN 机构在管理技术和经验等方面的支持。平台可以积极分享自身在大体量内容审核方面所积累的经验，同时提供其在大数据支撑下更加高效的内容审核算法等技术，在降低 MCN 机构管理成本的同时实现审核成本的分摊和聚合效应，实现参与主体作用的有效发挥，促进参与主体治理的实现。而反过来，UGC 平台也应该积极探索三方主体关系的有效机制，应对 MCN 机构的管理权限过高而造成机构与头部内容生成用户的联合博弈现象。

此外，UGC 平台应当积极培养推崇优质内容的用户习惯，如大力宣传开通延迟短视频市场功能、推广 Vlog 等优质内容的成长根基，依托内容新场景进一步提高优质内容的流量获取能力，降低用户合规后内容减产造成的流量损失。UGC 平台应积极履行其社会责任，努力提高网民素养。平台企业应在国家网信办等有关部门的引导下，积极响应“国家网络安全周”等网络内容与安全宣传活动，为构建系统全面的 UGC 内容问题治理机制提供相应支持，提升网民整体素养，有效降低因内容不合规而产生的声誉损失。

三、把握适度审核与强力处罚的辩证关系，促进 UGC 行业健康发展

2019 年 12 月国家网信办审议通过了《网络信息内容生态治理规定》①，为

① 国家网信办. 网络信息内容生态治理规定［EB/OL］. 2019-12-15. http：//www.cac.gov.cn/2019-12/20/c_1578375159509309.htm.

内容审核提出了标准和方向。在内容审核阶段，UGC 参与主体治理就是要求 UGC 平台主动深化对国家内容政策的研究，在此类政策引导之下把握好内容审核的底线、红线，并在此基础上制定适度的审核标准。UGC 平台企业应当做好内容审核强度的控制，制定适度的 UGC 质量审核标准，既要把握好内容治理的底线标准，又不应采取“一刀切”的无差别内容审核制度，对于原则性范围内的审核对象要采取审慎包容的审核态度。

在适度的审核强度基础上，要明确处罚力度的就高原则。一旦在既定的审核标准内出现内容违规现象，UGC 平台则应当将处罚力度顶格设定。内容审核中的适度审核强度和最高处罚力度二者并不矛盾，而是辩证存在的。合理的审核强度是前提和底线，但对于内容审核范围内的对象，则要“违规必究、究则必严”。对于触碰内容规范底线的情况，以最严厉的惩罚方式处理，让违规者感受到一旦违规被查将再无机会，避免侥幸心理的存在。

四、重视平台评价、摒弃资源倾斜，实现双边用户合理匹配

平台要积极利用核心算法、大数据、人工智能等技术优势，搭建合理的平台评价体系，为 UGC 双边用户提供透明、公正、准确的指标评价，为双边匹配结果的有效性保驾护航。UGC 平台在对双边用户匹配的过程中，应当主动从双边主体总体满意度视角出发，考虑平台双边用户总体满意度的公平性和稳定性。

另外，UGC 平台应当将运营管理的重心从提升内容生成用户的曝光度转向引导其提升自身水平和内容质量上来。在现实情况中，许多平台为了产生更多头部内容生成用户而主动提升其曝光度，甚至不惜牺牲平台其他普通用户的参与度，而从前文研究结果看到，UGC 双边用户匹配过程中改变内容生成用户的匹配上限并没有影响双边用户的总体满意度，相反过高的匹配上限还有可能因对内容生成端的资源过度倾斜而造成平台内容质量的下降。平台不要盲目迷信曝光度的作用，而是要依靠引导 UGC 内容生成用户关注内容转发量、内容级别、用户级别等关键性指标的提升，有效提高双边用户的总体满意度，实现合理匹配，最终促进 UGC 行业的可持续发展。

第三节　研究局限与未来展望

本书在梳理既有UGC治理研究的基础上，创造性地提出其参与主体治理的探索思路，并综合运用探索性案例、微分博弈、三方演化博弈、双边匹配、计算机仿真等方式展开研究，得到的结果具有一定的理论价值和实践意义。然而由于作者经验和能力的有限性，在研究方法和内容上还存在一些局限，在未来进一步的研究中期望得到拓展和完善。

一、内容生成端用户总体收益的分配问题尚未讨论

本书在UGC信息链的内容生成阶段通过三种决策模型的对比探讨，肯定了平台补贴下头部内容生成用户带动模式对内容生成端的用户总体收益以及UGC优质内容水平的帕累托改善。但是在实现总收益提升的情况下，UGC参与主体间的利益分配，特别是头部内容生成用户与腰尾部内容生成用户的收益分配形式尚未进行讨论，而收益的最终分配情况势必会影响参与主体的行为动机和互动情况。因此，对于UGC优质内容生成与收益分配机制的思考是未来需要进一步开展的研究方向之一。

二、内容审核决策的三方演化博弈过程尚有完善的空间

一方面，由于作者行业经验与调研充分性的局限，所构建的三方演化博弈的主体支付矩阵不够完善，无法对博弈三方策略选择行为有影响的因素考虑全面；另一方面，由于经验限制，仿真模拟时一些关键参数如流量损失、声誉损失、MCN机构的管理强度等，其主观或难以测量情况使得模拟取值只能反映其大概情况。上述问题都是UGC内容审核方面未来研究需进一步深化的方向。

三、双边用户的规模变化对匹配结果的影响有待考察

本书在 UGC 信息链内容分发阶段的双边匹配模型与仿真分析为研究提供了一定的实践价值。然而由于案例企业数据来源的局限性，仿真初始值固定了 UGC 双边用户群体的规模而未考虑其变化情况对匹配结果的影响。在网络外部性的加持下，现实中 UGC 的双边用户规模处在逐渐扩张的变化中，考虑匹配双方的规模变化对匹配结果的影响将是 UGC 双边用户匹配问题研究需要进一步探索的方向。

本章参考文献

[1] 许立勇，高宏存. “包容性”新治理：互联网文化内容管理及规制[J]. 深圳大学学报（人文社会科学版），2019，36（2）：51-57.

[2] 许向东，王怡溪. 智能传播中算法偏见的成因、影响与对策[J]. 国际新闻界，2020，42（10）：69-85.

[3] 贾开. 人工智能与算法治理研究[J]. 中国行政管理，2019（1）：17-22.

[4] Kemper J, Kolkman D. Transparent to Whom? No Algorithmic Accountability without a Critical Audience[J]. Information, Communication & Society, 2019, 22(14): 2081-2096.

[5] 王昭慧，忻展红. 双边市场中的补贴问题研究[J]. 管理评论，2010，22（10）：44-49.

[6] Hamari J. Do Badges Increase User Activity? A Field Experiment on the Effects of Gamification[J]. Computers in Human Behavior, 2017, 71: 469-478.

附录　MATLAB 仿真程序

一、微分博弈的 MATLAB 仿真程序

```
%%%%%%%%%%%%%%%%    基本参数假设    %%%%%%%%%%%%%%%%
R1=4;
R2=6;
Alp=3;
Bet=2;
Lam1=7;
Lam2=6;
Rho=1;
Dle=2;
The=1;
f=2;
m0=0;
%%%%(实验 1)随时间 t 的变化,比较三种决策模式内容生成端用户总体收益值%%%%
t=0:0. 01:10;
k=0. 5* R2/R1;
i=R1/(R1+R2);
Mn=(m0- ((Alp^2* R1* The). /Lam1* (Rho+Dle)+(Bet^2* R2* The). /Lam2* (Rho+Dle)). /Dle)* exp
(- Dle* t)+((Alp^2* R1* The). /Lam1* (Rho+Dle)+(Bet^2* R2*  The). /Lam2* (Rho+Dle)). /Dle;
Mc=(m0- ((Alp^2* (R1+R2)* The). /Lam1 * (Rho+Dle)+(Bet^2* (R1+R2)* The). /Lam2* (Rho+
Dle))./Dle)* exp(- Dle* t)+((Alp^2* (R1+R2)* The). /Lam1* (Rho+Dle)+(Bet^2* (R1+R2)* The). /
Lam2 * (Rho+Dle)). /Dle;
Ms=(m0- ((Alp^2* (1+k). * R1* The). /Lam1* (Rho+Dle)+(Bet^2* R2* The). /Lam2* (1- i)* (Rho+
```

```
Dle)). /Dle)* exp(- Dle* t)+((Alp^2* (1+k). * R1* The). /Lam1* (Rho+Dle)+(Bet^2* R2* The). /Lam2
* (1- i)* (Rho+Dle)). /Dle;
Us=(((1+k). * R1+R2). * The. /(Rho+Dle)). * Ms+(((1+k). * R1+R2). * f). /Rho+(Alp^2. * The^2.
* R1. * (1+k). * (2. * R2+(1+k). * R1)). /(2. * Lam1. * Rho. * (Rho+Dle)^2)+(Bet^2. * The^2* R2.
* ((1- i). * R2+2. * (1- i). * (1+k). * R2- i. * R2)). /(2. * (1- i)^2. * Lam2. * Rho. * (Rho+Dle)^2);
Uc=((R1+R2)* The. /(Rho+Dle))* Mc+((R1+R2)* f). /Rho+(Alp^2* The^2* (R1+R2)^2). /(2* Lam1
* Rho* (Rho+Dle)^2)+(Bet^2* The^2* (R1+R2)^2). /(2* Lam2 * Rho* (Rho+Dle)^2);
Un=((R1+R2)* The. /(Rho+Dle))* Mn+((R1+R2)* f). /Rho+(Alp^2* The^2* (2* R1* R2+R1^2)). /(2
* Lam1* Rho* (Rho+Dle)^2)+(Bet^2* The^2* (2* R1* R2+R2^2)). /(2* Lam2* Rho* (Rho+Dle)^2);
plot(t,Us,' b' )
hold on
plot(t,Un,' g' )
hold on
plot(t,Uc,' r' )
%%%%%%%%(实验2)随时间t的变化,比较头部、腰尾部用户收益值 %%%%%%%%
t=0:0. 01:10;
k=0. 5* R2/R1;
i=R1/(R1+R2);
Mn=(m0- ((Alp^2* R1* The). /Lam1* (Rho+Dle)+(Bet^2* R2* The). /Lam2* (Rho+Dle)). /Dle)* exp
(- Dle* t)+((Alp^2* R1* The). /Lam1* (Rho+Dle)+(Bet^2* R2 * The). /Lam2* (Rho+Dle)). /Dle;
Mc=(m0- ((Alp^2* (R1+R2)* The). /Lam1 * (Rho+Dle)+(Bet^2* (R1+R2)* The). /Lam2* (Rho+
Dle))./Dle)* exp(- Dle* t)+((Alp^2* (R1+R2)* The). /Lam1* (Rho+Dle)+(Bet^2* (R1+R2)* The). /
Lam2 * (Rho+Dle)). /Dle;
Ms=(m0- ((Alp^2* (1+k). * R1* The). /Lam1* (Rho+Dle)+(Bet^2* R2* The). /Lam2* (1- i)* (Rho+
Dle)). /Dle)* exp(- Dle* t)+((Alp^2* (1+k). * R1* The). /Lam1* (Rho+Dle)+(Bet^2* R2* The). /Lam2
* (1- i)* (Rho+Dle)). /Dle;
Us1=((1+k)* R1* The. /(Rho+Dle))* Ms+((1+k)* R1* f). /Rho+(Alp^2* The^2* (1+k)^2* R1^2). /(2
* Lam1* Rho* (Rho+Dle)^2)+(Bet^2* The^2* R2* (2* (1- i)* (1+k)* R1- i* R2)). /(2* (1- i)^2* Lam2
* Rho* (Rho+Dle)^2);
Us2=(R2* The. /(Rho+Dle))* Ms+(R2* f). /Rho+(Alp^2* The^2* (1+k)* R1* R2). /(Lam1* Rho
* (Rho+Dle)^2)+(Bet^2* The^2* R2^2). /(2* (1- i)* Lam2* Rho* (Rho+Dle)^2);
Un1=(R1* The. /(Rho+Dle))* Mn+(R1* f). /Rho+(Alp^2* The^2* R1^2). /(2* Lam1 * Rho* (Rho+
Dle)^2)+(Bet^2* The^2* R1* R2). /(Lam2* Rho* (Rho+Dle)^2);
```

Un2=(R2* The. /(Rho+Dle))* Mn+(R2* f). /Rho+(Alp^2* The^2* R1* R2). /(Lam1 * Rho* (Rho+Dle)^2)+(Bet^2* The^2* R2^2). /(2* Lam2* Rho* (Rho+Dle)^2);

plot(t,Us1,' b')

hold on

plot(t,Us2,' g')

hold on

plot(t,Un1,' r')

hold on

plot(t,Un2,' y')

%%%%%%%%%%(实验3)随时间t的变化,比较优质内容质量M%%%%%%%%%%

t=1:0. 01:10;

k=0. 5* R2/R1;

i=R1/(R1+R2);

Mn=(m0- ((Alp^2* R1* The). /Lam1* (Rho+Dle)+(Bet^2* R2* The). /Lam2* (Rho+Dle)). /Dle)* exp(-Dle* t)+((Alp^2* R1* The). /Lam1* (Rho+Dle)+(Bet^2* R2 * The). /Lam2* (Rho+Dle)). /Dle;

Mc=(m0- ((Alp^2* (R1+R2)* The). /Lam1* (Rho+Dle)+(Bet^2* (R1+R2)* The). /Lam2* (Rho+Dle))./Dle)* exp(- Dle* t)+((Alp^2* (R1+R2)* The). /Lam1* (Rho+Dle)+(Bet^2* (R1+R2)* The). /Lam2 * (Rho+Dle)). /Dle;

Ms=(m0- ((Alp^2* (1+k)* R1* The). /Lam1* (Rho+Dle)+(Bet^2* R2* The). /Lam2* (1- i)* (Rho+Dle)). /Dle)* exp(- Dle* t)+((Alp^2* (1+k)* R1* The). /Lam1* (Rho+Dle)+(Bet^2* R2* The). /Lam2 * (1- i)* (Rho+Dle)). /Dle;

plot(t,Ms,' r')

hold on

plot(t,Mc,' b')

hold on

plot(t,Mn,' g')

%%%%%%(实验4)随平台补贴k的变化,比较内容生成端用户总体收益U%%%%%%

t=10;

k=0:0. 01:1;

i=R1/(R1+R2);

Mn=(m0- ((Alp. ^2. * R1. * The). /Lam1. * (Rho+Dle)+(Bet. ^2. * R2. * The). /Lam2. * (Rho+Dle)). /Dle). * exp(- Dle. * t)+((Alp. ^2. * R1. * The). /Lam1. * (Rho+Dle)+(Bet. ^2. * R2. * The). /Lam2. * (Rho+Dle)). /Dle;

```
Mc=(m0- ((Alp. ^2. * (R1+R2). * The). /Lam1. * (Rho+Dle)+(Bet. ^2. * (R1+R2).  * The). /Lam2.
* (Rho+Dle)). /Dle). * exp(- Dle. * t)+((Alp. ^2. * (R1+R2). * The). /Lam1. * (Rho+Dle)+(Bet^2.
* (R1+R2). * The). /Lam2. * (Rho+Dle)). /Dle;
Ms=(m0- ((Alp. ^2. * (1+k). * R1. * The). /Lam1. * (Rho+Dle)+(Bet. ^2. * R2. * The). /Lam2. * (1- i).
* (Rho+Dle)). /Dle). * exp(- Dle. * t)+((Alp. ^2. * (1+k). * R1.  * The)./Lam1. * (Rho+Dle)+(Bet^2.
* R2. * The). /Lam2. * (1- i). * (Rho+Dle)). /Dle;
Us=(((1+k). * R1+R2). * The. /(Rho+Dle)). * Ms+(((1+k). * R1+R2). * f). /Rho+(Alp. ^2. * The. ^2.
* R1. * (1+k). * (2. * R2+(1+k). * R1)). /(2. * Lam1. * Rho. * (Rho+Dle). ^2)+(Bet. ^2. * The^2* R2.
* ((1- i). * R2+2. * (1- i). * (1+k). * R2- i. * R2)). /(2. * (1- i). ^2. * Lam2. * Rho. * (Rho+Dle). ^2);
Uc=((R1+R2). * The. /(Rho+Dle)). * Mc+((R1+R2). * f). /Rho+(Alp^2. * The. ^2. * (R1+R2). ^2). /
(2. * Lam1. * Rho. * (Rho+Dle). ^2)+(Bet. ^2. * The. ^2. * (R1+R2). ^2)./(2. * Lam2. * Rho. * (Rho+
Dle). ^2);
Un=((R1+R2). * The. /(Rho+Dle)). * Mn+((R1+R2). * f). /Rho+(Alp^2. * The. ^2. * (2. * R1. * R2+
R1. ^2)). /(2. * Lam1. * Rho. * (Rho+Dle). ^2)+(Bet. ^2. * The. ^2. * (2*  R1. * R2+R2. ^2)). /(2.
* Lam2.  * Rho. * (Rho+Dle). ^2);
Us1=((1+k). * R1. * The. /(Rho+Dle)). * Ms+((1+k). * R1. * f). /Rho+(Alp. ^2. * The. ^2. * (1+k). ^2.
* R1. ^2). /(2. * Lam1. * Rho. * (Rho+Dle). ^2)+(Bet. ^2. * The. ^2. * R2. * (2. * (1- i). * (1+k). * R1- i.
* R2)). /(2. * (1- i). ^2. * Lam2. * Rho. * (Rho+Dle). ^2);
Us2=(R2. * The. /(Rho+Dle)). * Ms+(R2. * f). /Rho+(Alp. ^2. * The. ^2. * (1+k). * R1. *  R2). /(Lam1.
* Rho. * (Rho+Dle). ^2)+(Bet. ^2. * The. ^2. * R2. ^2). /(2. * (1- i). * Lam2. * Rho. * (Rho+Dle). ^2);
Un1=(R1. * The. /(Rho+Dle)). * Mn+(R1. * f). /Rho+(Alp. ^2. * The. ^2. * R1. ^2). /(2. * Lam1.
* Rho. * (Rho+Dle). ^2)+(Bet. ^2. * The. ^2. * R1. * R2). /(Lam2. * Rho. * (Rho+Dle). ^2);
Un2=(R2. * The. /(Rho+Dle)). * Mn+(R2. * f). /Rho+(Alp. ^2. * The. ^2. * R1. * R2). /(Lam1. * Rho.
* (Rho+Dle). ^2)+(Bet. ^2. * The. ^2. * R2. ^2). /(2. * Lam2. * Rho. * (Rho+Dle). ^2);
plot(k,Us)
Ucc=k* 0+Uc;
Unn=k* 0+Un;
hold on
plot(k,Ucc)
hold on
plot(k,Unn)
```

二、三方演化博弈的 MATLAB 仿真程序

```
function dy=ReplicatorDyanmic( ~ ,y)
%%%%%%%%%%%%%%%%%%  初始化参数  %%%%%%%%%%%%%%%%%%%
alpha=0. 41;
w=5;
k=0. 8;
m_1=2;
m_2=1;
m_3=1;
c_1=2;
c_2=2;
c_3=2;
c_4=2;
r_1=5;
r_2=3;
r_3=2;
%%%%%%%%%%%%%%%%%%复制动态方程设定 %%%%%%%%%%%%%%%%%%
dy=zeros(3,1);
dy(1)=y(1)* (1- y(1))* (r_1- m_1- (1- alpha)* c_2+m_1* (1- k)* y(2)- alpha* (c_1+c_2)* y(3));
%first replicator dynamic equation
dy(2)=y(2)* (1- y(2))* (alpha* w* y(1)- m_1);%second replicator dynamic equation
dy(3)=y(3)* (1- y(3))* ( alpha* w* y(1)+(1- alpha)* w* y(1)* y(2)- m_3);%third replicator dy-
namic equation
end
%%%%%%%%%%%%%%%%%%三方博弈演化过程 %%%%%%%%%%%%%%%%%%
[T,Y]=ode45(@ReplicatorDyanmic,[0,50],[0. 5,0. 5,0. 5]);
plot(T,Y(:,1),' - ',T,Y(:,2),' - . ',T,Y(:,3),' . ');
legend(' x',' y',' z')
```

三、模拟退火算法的 MATLAB 仿真程序

```
%%%%%%%%%%%%%%%%%%%%初始化参数%%%%%%%%%%%%%%%%%%%
```

```
m=8;
n=7;
k=5;
l=4;
d=3;
p=[6 7 3 5 2;6 7 6 5 0;1 1 6 5 1;6 7 7 3 6;4 7 5 5 5;1 3 0 1 2;2 6 6 5 7;4 1 7 0 0];
q=[1 2 4 4 4;2 1 4 1 3;6 2 6 0 0;2 4 2 4 2;6 3 5 5 1;2 2 5 7 6;7 6 3 1 2];
u=[3 5 1 2;3 5 3 4;5 5 7 5;6 2 2 6;1 5 4 7;3 5 2 4;3 1 5 1];
v=[4 1 3 3;1 2 1 2;4 6 7 6;2 1 0 3;5 6 5 6;5 4 6 1;5 7 6 2;3 1 1 1];
%%%%%%%%%%%%%%%%%%模拟退火参数 %%%%%%%%%%%%%%%%%%
L=200;      %马尔科夫链长度(迭代次数)
T=100;      %初始温度
K=0.9;  %衰减参数
YZ=1e-8;  %容差
B=0;        %Metropolis 过程中的总接受点
%%%%%%%%%%%%%%%%%%%随机生成初始解 %%%%%%%%%%%%%%%%%%
PreG=randerr(m,n,1);      %随机生成每行只有一个 1 的 0-1 矩阵
    while (any(sum(PreG (:,1:n))>d))
    PreG=randerr(m,n,1);
    end
PreBestG=PreG;
PreG=randerr(m,n,1);      %随机生成每行只有一个 1 的 0-1 矩阵
while (any(sum(PreG (:,1:n))>d))
    PreG=randerr(m,n,1);
    end
BestG=PreG;
%%%%%%%%%%每迭代一次退火一次,直到满足迭代条件为止   %%%%%%%%%%%%
deta=abs(func1(BestG)-func1(PreBestG));
while (deta>YZ)&&(T>0.001)
    T=K*T;
    %%%%%%%%%%在当前温度 T 下迭代次数   %%%%%%%%%%%%
    for beta1=1:L
      %%%%%%%%%%在此点附近随机选下一点   %%%%%%%%%%%%
      LPreG=PreG;
      I=randperm(m);
      I(I < 3)=[];
      I1=I(1);
      I2=I(2);
      J=randperm(n);
```

```
  J1=J(1);
  J2=J(2);
  LPreG([I1,I2],:)=LPreG([I2,I1],:);
  LPreG(:,[J1,J2])=LPreG(:,[J2,J1]);
  NextG=LPreG;
  %%%%%%%%匹配稳定的约束条件  %%%%%%%%%%%%
  for i=1:1:m
    for j=1:1:n
        if any(sum(NextG(i,:))+sum(NextG(:,j)))<d
            LNextG=NextG;
            I=randperm(m);
            I(I < 3)=[];
            I1=I(1);
            I2=I(2);
            J=randperm(n);
            J1=J(1);
            J2=J(2);
            LNextG([I1,I2],:)=LNextG([I2,I1],:);
            LNextG(:,[J1,J2])=LNextG(:,[J2,J1]);
            NextG=LNextG;
        end
    end
end
%%%%%%%%是否全局最优  %%%%%%%%%%%%
if (func1(NextG)>func1(BestG))
    %%%%%%%%保留上一个最优解  %%%%%%%%%%%%
    PreBestG=BestG;
    %%%%%%%%此解为最新解  %%%%%%%%%%%%
    BestG=NextG;
end
%%%%%%%%  Metropolis 过程  %%%%%%%%%%%%
if (func1(NextG)>func1(PreG))
    %%%%%%%%接受新解 %%%%%%%%%%%%
    PreG=NextG;
    B=B+1;
else
    changer=-1*(func1(NextG)-func1(PreG))/T;
    b1=exp(changer);
    %%%%%%%%接受较差的解 %%%%%%%%%%%%
```

```
                if b1>rand
                    PreG=NextG;
                    B=B+1;
                end
            end
        trace(B+1)=func1(BestG);
        end
        deta=abs(func1(BestG)- func1(PreBestG));
end
%%%%%%%%输出 %%%%%%%%%%%
disp(' 最大值在点:' );
BestG
disp(' 最大值为:' );
func1(BestG)
%%%%%%%%满意度函数 %%%%%%%%%%%
function result=func1(G)
%%%%%%%%初始数值 %%%%%%%%%%%
m=8;
n=7;
k=5;
l=4;
p=[6 7 3 5 2;6 7 6 5 0;1 1 6 5 1;6 7 7 3 6;4 7 5 5 5;1 3 0 1 2;2 6 6 5 7;4 1 7 0 0];
q=[1 2 4 4 4;2 1 4 1 3;6 2 6 0 0;2 4 2 4 2;6 3 5 5 1;2 2 5 7 6;7 6 3 1 2];
u=[3 5 1 2;3 5 3 4;5 5 7 5;6 2 2 6;1 5 4 7;3 5 2 4;3 1 5 1];
v=[4 1 3 3;1 2 1 2;4 6 7 6;2 1 0 3;5 6 5 6;5 4 6 1;5 7 6 2;3 1 1 1];
    %%%%%%%%内容消费用户对内容生成用户满意度 %%%%%%%%%%%
    LEijg=[];
    for i=1:1:m
        for j=1:1:n
            for g=1:1:k
                if p(i,g)<q(j,g)
                    e=sum((q(j,g)- p(i,g))/(max(q(:,g))- p(i,g)));
                    LEijg =[LEijg,e];
                elseif p(i,g)>q(j,g)
                    e=sum((q(j,g)- p(i,g))/(p(i,g)- min(q(:,g))));
                    LEijg =[LEijg,e];
                else
                    e=0;
                    LEijg =[LEijg,e];
```

```
                end
            end
        end
    end
    Eijg=reshape(LEijg,m,n,k);
    Eij=sum(Eijg,3);
    %%%%%%%%内容生成用户对内容消费用户满意度 %%%%%%%%%%%%
    LFjih=[];
    for i=1:1:m
        for j=1:1:n
            for h=1:1:l
                if u(j,h)<v(i,h)
                    e=sum((v(i,h)- u(j,h))/(max(v(:,h))- u(j,h)));
                    LFjih=[LFjih,e];
                elseif u(j,h)>v(i,h)
                    e=sum((v(i,h)- u(j,h))/(u(j,h)- min(v(:,h))));
                    LFjih=[LFjih,e];
                else
                    e=0;
                 LFjih=[LFjih,e];
                end
            end
        end
    end
    Fjih=reshape( LFjih,n,m,l);
    Fji=sum(Fjih,3);
    %%%%%%%%总体满意度函数 %%%%%%%%%%%%
    E=sum(sum(Eij. * G));
    F=sum(sum(Fji. * G. ' ));
    Zeta=0. 5* E+0. 5* F;
result=Zeta;
end
```

阅读型参考文献

［1］白长虹，刘欢．旅游目的地精益服务模式：概念与路径——基于扎根理论的多案例探索性研究［J］．南开管理评论，2019（3）．

［2］曹霞，邢泽宇，张路蓬．政府规制下新能源汽车产业发展的演化博弈分析［J］．管理评论，2018，30（9）：82-96．

［3］范春梅，叶登楠，李华强．产品伤害危机中消费者应对行为的形成机制研究——基于 PADM 理论视角的扎根分析［J］．管理评论，2019（8）．

［4］高宇璇，杜跃平，孙秉珍，等．考虑患者个性化需求的医疗服务匹配决策方法［J］．运筹与管理，2019，28（4）：17-25．

［5］龚丽敏，江诗松，魏江．产业集群创新平台的治理模式与战略定位：基于浙江两个产业集群的比较案例研究［J］．南开管理评论，2012，15（2）：59-69．

［6］何正文，郑维博，刘人境．不同支付条件银行授信约束折现流项目调度［J］．系统工程理论与实践，2016，36（8）：2013-2023．

［7］黄欣，凌能祥．基于排放权交易与减排研发补贴的政企减排微分博弈模型［J］．系统管理学报，2020，29（6）：1150-1160．

［8］康伟，杜蕾．邻避冲突中的利益相关者演化博弈分析——以污染类邻避设施为例［J］．运筹与管理，2018，27（3）：82-92．

［9］孔德财，姜艳萍，刘长平．大规模一对多双边匹配问题的决策方法［J］．系统工程，2018，36（1）：153-158．

［10］李冰，徐杰，杜文．用模拟退火算法求解有顺序约束指派问题［J］．系统工程理论方法应用，2002（4）：330-335．

［11］李兰英，何正文，刘人境．合同双方基于合作博弈的 Max-npv 项目调度优化［J］．工业工程与管理，2016，21（5）：42-48，91．

[12] 李兰英，何正文，刘人境. 基于不同奖惩机制项目支付进度优化：双重视角 [J]. 运筹与管理，2017，26 (7)：10-20.

[13] 李亚楠，郭海湘，黎金玲，等. 一种基于模拟退火的参数自适应差分演化算法及其应用 [J]. 系统管理学报，2016，25 (4)：652-662.

[14] 李志刚，韩炜，何诗宁，等. 轻资产型裂变新创企业生成模式研究——基于扎根理论方法的探索 [J]. 南开管理评论，2019 (5).

[15] 李志刚，张泉，何诗宁. 家庭触发型裂变创业的模式分类——扎根理论方法的探索研究 [J]. 经济管理，2020，42 (2)：75-91.

[16] 刘桔，杨琴，周永务，曹策俊. 面向师生感知满意度的双边匹配决策模型 [J]. 运筹与管理，2020，29 (3)：16-26，43.

[17] 马德青，胡劲松. 参考质量效应下公平、利他偏好对供应链质量和营销策略的影响 [J]. 系统工程理论与实践，2020，40 (7)：1752-1766.

[18] 马永红，刘海礁，柳清. 产业共性技术产学研协同研发策略的微分博弈研究 [J]. 中国管理科学，2019，27 (12)：197-207.

[19] 马永红，刘海礁，柳清. 产业集群协同创新知识共享策略的微分博弈研究 [J]. 运筹与管理，2020，29 (9)：82-88.

[20] 毛基业. 运用结构化的数据分析方法做严谨的质性研究——中国企业管理案例与质性研究论坛 (2019) 综述 [J]. 管理世界，2020 (3).

[21] 孟韬，孔令柱. 社会网络理论下“大众生产”组织的网络治理研究 [J]. 经济管理，2014：70-79.

[22] 宁敏静，何正文，刘人境. 基于随机活动工期的多模式现金流均衡项目调度优化 [J]. 运筹与管理，2019，28 (9)：91-98.

[23] 任世科，何正文，徐渝. 基于联合视角的项目支付问题及其模拟退火启发式算法 [J]. 系统工程，2012，30 (6)：82-89.

[24] 苏艳丽，王克平，曲国庆，等. 基于信息链的我国新市民知识素养提升模型研究 [J]. 情报理论与实践，2018，41 (2)：63-67，99.

[25] 苏郁锋，吴能全，周翔. 制度视角的创业过程模型——基于扎根理论的多案例研究 [J]. 南开管理评论，2017 (1).

[26] 孙健慧，张海波. 考虑知识共享与人才培养的校企合作创新博弈分析 [J]. 系统工程理论与实践，2020，40 (7)：1806-1820.

［27］孙世瑜，马德青，胡劲松. 部分短视和参考价格效应下的政企回收 WEEE 协同策略［J］. 系统科学与数学，2020，40（10）：1749-1765.

［28］陶兴，张向先，张莉曼，卢恒. 网络学术社区跨平台用户生成内容知识聚合研究［J］. 情报理论与实践，2020，43（7）：151-156.

［29］佟林杰，刘博. 基于信息链的京津冀地区高校智库协同发展模式研究［J］. 图书馆理论与实践，2020（2）：7-12.

［30］王炳成，闫晓飞，张士强，等. 商业模式创新过程构建与机理：基于扎根理论的研究［J］. 管理评论，2020：127-137.

［31］王珏，李佳咪. 短视频平台发展的“快手”路径——专访快手副总裁岳富涛［J］. 新闻与写作，2019（10）.

［32］王世华，冷春燕. 互联网再认识：去中心化是个伪命题？——兼与李彪先生商榷“中心化”问题［J］. 新闻界，2013（20）：46-49.

［33］王微，王晰巍，娄正卿，刘婷艳. 信息生态视角下移动短视频 UGC 网络舆情传播行为影响因素研究［J］. 情报理论与实践，2020，43（3）：24-30.

［34］谢来位. 放管结合的监管机理及其建构路径［J］. 中国行政管理，2019，409（7）：154-155.

［35］邢小强，张竹，周平录，等. 快手科技：追求公平普惠的“隐形”之手［J］. 清华管理评论，2020（Z1）.

［36］徐春秋，王芹鹏. 考虑政府参与方式的供应链低碳商誉微分博弈模型［J］. 运筹与管理，2020，29（8）：35-44.

［37］徐春秋，赵道致，原白云，等. 上下游联合减排与低碳宣传的微分博弈模型［J］. 管理科学学报，2016，19（2）：53-65.

［38］徐兰，王晶欣，李晓萍. 政府购买公共服务下普惠性学前教育推进的多方演化博弈分析［J］. 运筹与管理，2018，27（2）：85-93.

［39］许洁. 短视频平台生态治理机制优化研究［J］. 新闻世界，2019（8）：92-96.

［40］杨若黎，顾基发. 一种高效的模拟退火全局优化算法［J］. 系统工程理论与实践，1997（5）：30-36.

［41］赵晓冬，吕爱国，臧誉琪. 基于组合分析的多边匹配决策分析方法［J］. 管理世界，2017（5）：174-175.

［42］郑方，彭正银．基于关系传递的结构嵌入演化与技术创新优势——一个探索性案例研究［J］．科学学与科学技术管理，2017，38（1）：120-133．

［43］朱广忠．埃莉诺·奥斯特罗姆自主治理理论的重新解读［J］．当代世界与社会主义，2014（6）：132-136．

［44］陈毅．博弈规则与合作秩序——理解集体行动中合作的难题［D］．吉林大学，2007．

［45］付刚．奥尔森集体行动理论研究［D］．吉林大学，2011．

［46］何地．企业创新生态系统战略对竞争优势的影响研究［D］．辽宁大学，2018．

［47］侯艳鹏．埃莉诺·奥斯特罗姆公共池塘资源自主治理理论研究［D］．吉林大学，2013．

［48］孔德财．考虑若干复杂情形的双边匹配问题及方法研究［D］．东北大学，2016．

［49］鲁彦．用户规模、用户类别与互联网平台竞争［D］．山东大学，2019．

［50］任恒．埃莉诺·奥斯特罗姆自主治理思想研究［D］．吉林大学，2019．

［51］孙楚．基于价值网络的互联网企业产品创新研究［D］．北京邮电大学，2020．

［52］王梦．权力分散与交叠管辖［D］．吉林大学，2020．

［53］吴晓娟．网络平台企业合法性演进及其成长研究［D］．天津财经大学，2019．

［54］张金艳．高管团队建议寻求对商业模式创新的影响研究［D］．山东大学，2020．

［55］张莉．平台知识资产治理对平台伙伴的创新激励研究［D］．浙江大学，2019．

［56］张涛．基于双边市场理论的车联网平台商业模式研究［D］．重庆大学，2018．

［57］Waheed A，Shafi J，Krishna P V. Classifying Content Quality and Interaction Quality on Online Social Networks［M］//Social Network Forensics，Cyber Security, and Machine Learning. Springer, Singapore, 2019: 1-7.

[58] Cuomo M T, Tortora D, Giordano A, et al. User-generated Content in the Era of Digital Well-being: A Netnographic Analysis in a Healthcare Marketing Context [J]. Psychology & Marketing, 2020, 37 (4): 578-587.

[59] Diwanji V S, Cortese J. Contrasting User Generated Videos Versus Brand Generated Videos in Ecommerce [J]. Journal of Retailing and Consumer Services, 2020, 54: 102024.

[60] Gardner J, Lehnert K. What's New about New Media? How Multi-channel Networks Work with Content Creators [J]. Business Horizons, 2016, 59 (3): 293-302.

[61] Gorwa R. The Platform Governance Triangle: Conceptualising the Informal Regulation of Online Content [J]. Internet Policy Review, 2019, 8 (2): 1-22.

[62] Ho-Dac N N. The Value of Online User Generated Content in Product Development [J]. Journal of Business Research, 2020, 112: 136-146.

[63] Jaakkola M. From Vernacularized Commercialism to Kidbait: Toy Review Videos on YouTube and the Problematics of the Mash-up Genre [J]. Journal of Children and Media, 2020, 14 (2): 237-254.

[64] Jhaver S, Appling D S, Gilbert E, et al. "Did You Suspect the Post Would be Removed?" Understanding User Reactions to Content Removals on Reddit [J]. Proceedings of the ACM on Human-computer Interaction, 2019, 3 (CSCW): 1-33.

[65] Lepri B, Oliver N, Letouzé E, et al. Fair, Transparent, and Accountable Algorithmic Decision-making Processes [J]. Philosophy & Technology, 2018, 31 (4): 611-627.

[66] Liu X. Analyzing the Impact of User-generated Content on B2B Firms' Stock Performance: Big Data Analysis with Machine Learning Methods [J]. Industrial Marketing Management, 2020, 86: 30-39.

[67] Müller J, Christandl F. Content is King-But Who is the King of Kings? The Effect of Content Marketing, Sponsored Content & User-generated Content on Brand Responses [J]. Computers in Human Behavior, 2019, 96: 46-55.

[68] Myers West S. Censored, Suspended, Shadowbanned: User Interpretations of Content Moderation on Social Media Platforms [J]. New Media & Society, 2018, 20 (11): 4366-4383.

[69] Susarla A, Oh J H, Tan Y. Social Networks and the Diffusion of User-generated Content: Evidence from YouTube [J]. Information Systems Research, 2012, 23 (1): 23-41.

[70] Suzor N P, West S M, Quodling A, et al. What Do We Mean When We Talk about Transparency? Toward Meaningful Transparency in Commercial Content Moderation [J]. International Journal of Communication, 2019, 13: 18.

[71] Yu C E, Wen J, Yang S. Viewpoint of Suicide Travel: An Exploratory Study on YouTube Comments [J]. Tourism Management Perspectives, 2020, 34: 100669.

[72] Zarsky T. The Trouble with Algorithmic Decisions: An Analytic Road Map to Examine Efficiency and Fairness in Automated and Opaque Decision Making [J]. Science, Technology & Human Values, 2016, 41 (1): 118-132.

[73] Eslami M, Vaccaro K, Lee M K, et al. User Attitudes towards Algorithmic Opacity and Transparency in Online Reviewing Platforms [C] //Proceedings of the 2019 CHI Conference on Human Factors in Computing Systems, 2019: 1-14.

[74] Ogunseye S, Parsons J. Designing for Information Quality in the Era of Repurposable Crowdsourced User-Generated Content [C] //International Conference on Advanced Information Systems Engineering. Springer, Cham, 2018: 180-185.